U0131538

圆明园植物

北京市海淀区圆明园管理处　著

中国林业出版社

图书在版编目（CIP）数据

圆明园植物 / 北京市海淀区圆明园管理处著. —— 北京：
中国林业出版社, 2023.3
ISBN 978-7-5219-1939-4

Ⅰ.①圆… Ⅱ.①北… Ⅲ.①圆明园—植物—图集
Ⅳ.①Q948.521-64

中国版本图书馆CIP数据核字(2022)第205969号

策划编辑：李　敏
责任编辑：李　敏　　王美琪　　**电话：**（010）83143575　　83143548

出版　中国林业出版社（100009　北京市西城区刘海胡同 7 号）
　　　　http：//www.forestry.gov.cn/lycb.html
印刷　河北京平诚乾印刷有限公司
版次　2023 年 3 月第 1 版
印次　2023 年 3 月第 1 次印刷
开本　880mm×1230mm　　1/32
印张　11.25
字数　242 千字
定价　99.00 元

《圆明园植物》编委会

前　言

　　圆明园是举世闻名的大型皇家园林之一，始建于康熙四十六年（1707年），由圆明园、长春园、绮春园三园组成，占地350公顷，其中水面面积约140公顷，园区内河湖相连，形成一个完整的河湖湿地生态系统。圆明园从始建园林至今已有三百多年的历史，虽饱经沧桑，但曾经的兴废更迭也让圆明园积淀了其他园林难以企及的自然和人文厚度。圆明园的植物除了具有重要的自然和历史意义外，还承载了亿万中国人的爱国情感。如今的圆明园一直秉持习近平总书记"绿水青山就是金山银山"的生态文明理念，突出生态是统一的自然系统原则，聚焦"三山五园"建设和北京市海淀区"两新两高"战略机遇，更大力度保护和改善生态环境，让这里变得地更绿、水更清、景更美、植物更丰富。

　　圆明园本就是一处草木丰富的自然生态之地。清雍正帝《圆明园记》中云"林皋清淑，陂淀渟泓""槛花堤树，不灌溉而滋荣"。而自雍正新建御园以来，使得这一自然生态之地更被赋予了文化的基因。因了文化的润泽，花草树木更多了别样的韵味，比如武陵春色的桃花、杏花春馆的杏花、镂月开云的牡丹、碧桐书院的梧桐、天然图画的竹子等。近年来，北京市海淀区圆明园管理处通过生态治理，使圆明园的生态环境越来越好，其植物尤其是野生植物越来越多、分布越来越广，生物多样性也变得越来越丰富。同时圆明园植物也日渐受到关注，在圆明园一年四季都能看到许许多多扛着"长枪大炮"的植物爱好者和摄影爱好者；在圆明园每天都会有游客来电咨询"在圆明园哪个景点可以看到什么植物，什么时间来看最好"等等。

为了让更多的人更好地了解圆明园的植物，合理利用和有效保护园区内植物，丰富植物多样性，充实野生植物资源基因库，同时为今后研究和恢复圆明园植物景观配置提供一定的理论基础和现实依据，出版一本通俗易懂、图文并茂、集专业性、知识性、实用性以及科普性于一体的植物科普书籍就显得尤为重要和有意义了。故从2019年3月开始，北京市海淀区圆明园管理处园林生态科对圆明三园的植物种类、分布地点、生长情况等开展全面系统调查研究，截止到2021年3月，历经2年时间，共收集整理了300余种植物，拍摄了大量植物照片，终于编写成了《圆明园植物》一书。本书共收录了圆明园植物92科231属301种，文字更注重通俗性，专业术语均配以高清照片进行"图说"，编排方式采用人们易于接受的形式，比如按照植物的生活型、叶形、花色等植物性状进行分类。为了便于读者查询，书后还有中文名索引和拉丁名索引。为了突出实用性、科普性和趣味性，在物种描述中还增加了分布区域、花期、生境、用途、相似种的识别方法和圆明园四十景相关的历史文化知识等。

由于篇幅有限，书中收录的植物并不能囊括圆明园全部植物，有待以后进一步补充完善。本书编著因时间所限，准备及推敲尚显不足，错漏之处在所难免，谨望广大读者批评指正。

邱文忠

2022年10月

目 录

木本植物

云杉
Picea asperata

　　常绿乔木；小枝有木钉状叶枕（a）；针叶螺旋状排列（b）；雌雄同株，雄球花生下部（c），雌球花生上部（d）；球果单生侧枝顶端，下垂，柱状矩圆形或圆柱形，成熟前绿色，成熟时淡褐色或栗色，种子上端有膜质长翅；花期4—5月，果期9—10月。

　　云杉为我国的特有种。该种株形优美，枝叶繁茂，具有较高的观赏价值。木材优良，能提取芳香油，具有较高的经济价值。

科 **松科**
Pinaceae
属 云杉属
Picea
分布区域
园区内分布较少，主要集中在山高水长。最佳观赏期为4—5月。

叶针状或鳞片状

雪松

Cedrus deodara

　　乔木；树皮深灰色，裂成不规则的鳞状块片；枝（a）平展、微斜展或微下垂，基部宿存芽鳞向外反曲，小枝常下垂；叶（b）腹面两侧各有2~3条气孔线，背面4~6条；雄球花（c）长卵圆形或椭圆状卵圆形，雌球花卵圆形；球果（d）成熟前淡绿色，熟时红褐色，种子近三角状，种翅宽大；花期10—11月，球果翌年10月成熟。

　　雪松又名喜马拉雅雪松，该属仅该种在我国有分布，原产于西藏南部，现广为栽培。该种体型高大，树姿优美，是常见的庭院观赏树种。

科 **松科**
Pinaceae
属 **雪松属**
Cedrus
📍**分布区域**
园区内分布较少，主要集中在敷春堂。

叶针状或鳞片状

华山松
Pinus armandii

乔木（a）；幼树树皮灰绿色或淡灰色，老则呈灰色，裂成方形或长方形厚块片固着于树干上；针叶5针一束（b、c）；雄球花黄色（d）；球果圆锥状长卵圆形（e）；花期4—5月，球果翌年9—10月成熟。

华山松因其针叶5针一束，故又名"五叶松"。树形优美，可供观赏。种子可以食用，也可以榨食用油或工业油；树干可提取树脂，树皮可提取栲胶，具有较高的经济价值。

科 松科
Pinaceae
属 松属
Pinus
分布区域
思永斋。

叶针状或鳞片状

白皮松
Pinus bungeana

乔木；幼树树皮光滑，灰绿色，老树皮则呈淡褐灰色或灰白色，裂成不规则的鳞状块片脱落，脱落后近光滑，露出粉白色的内皮；针叶3针一束（a）；雌球花（b）在上，雄球花（c）在下；球果通常单生；花期4—5月，球果翌年10—11月成熟。

白皮松为我国特有种，在松属植物中少见，故易与该属其他物种区分。由于老树皮易裂成不规则的鳞状块片脱落，从而形成新老树皮交替，白褐相间的状态，故名"白皮松"（d）。

科 松科
Pinaceae
属 松属
Pinus
分布区域
全园均有分布。

叶针状或鳞片状

油松

Pinus tabuliformis

乔木；树皮灰褐色或褐灰色，裂成不规则较厚的鳞状块片；针叶2针一束，深绿色（a）；雄球花圆柱形，在新枝下部聚生成穗状（b），雌球花红色，绒球状（c）；球果（d）卵形或圆卵形，成熟前绿色，熟时淡黄色或淡褐黄色；花期4—5月，球果翌年10月成熟。

油松为中国特有种。树形优美，具有较高的观赏性，因而多栽培以供观赏或绿化造林。木材坚硬、纹理笔直，可用于家具制作；树干可提取树脂和松节油；花粉和针叶还可入药，具有较高的经济价值。

科 松科
Pinaceae
属 松属
Pinus
分布区域
全园均有分布，以松风萝月北、山高水长为佳。

叶针状或鳞片状

水杉
Metasequoia glyptostroboides

落叶乔木，高达50米；侧生小枝排成羽状，叶、芽鳞、雄球花、雄蕊、珠鳞与种鳞均交互对生；叶线形，在侧枝上排成羽状（a）；雄球花排成总状或圆锥状花序（b），雌球花单生侧生小枝顶端；球果（c、d）下垂，当年成熟，近球形，种子扁平；花期4—5月，球果10—11月成熟。

水杉是我国特有的单种属植物，有"植物活化石"的美誉，被列为国家一级重点保护野生植物。该种树干笔直挺拔，树姿优美，景观效果极佳。

科 柏科
Cupressaceae
属 水杉属
Metasequoia
分布区域
园区内水杉数量较少，主要分布在会心桥南、遗址区和福海南岸等地。最佳观赏期为4—10月。

叶针状或鳞片状

侧柏
Platycladus orientalis

乔木，高达20米；幼树树冠卵状尖塔形，老则广圆形，树皮淡灰褐色；生鳞叶的小枝直展，扁平，排成一平面，两面同形（a）；雌雄同株，球花单生枝顶，雄球花（b）具6对雄蕊，雌球花（c）具4对珠鳞；球果（d）当年成熟，卵状椭圆形，成熟时褐色，种子椭圆形或卵圆形；花期3—4月，球果10月成熟。

科 柏科
Cupressaceae
属 侧柏属
Platycladus
分布区域
园区内分布广泛，主要集中在正觉寺西山坡、月地云居、福海南等地，其中正觉寺西山坡上有多株侧柏古树。

叶针状或鳞片状

圆柏
Juniperus chinensis

乔木；树皮深灰色，纵裂，成条片开裂；幼树的枝条通常斜上伸展，形成尖塔形树冠，老则下部大枝平展，形成广圆形的树冠；叶二型，即刺叶与鳞叶，刺叶（a）生于幼树之上，老龄树则全为鳞叶（b），壮龄树兼有刺叶与鳞叶（c）；雌雄异株，稀同株，雄球花黄色；球果近圆球形（d）。

圆柏树干笔直，树冠塔形，全年常绿，具有较高的观赏价值。心材淡褐红色，边材淡黄褐色，质地坚韧致密，具有较强的防腐性，可用做建材、家具、文具、工艺品等。种子可以提炼润滑油，具有较高的经济价值。

🅢柏科

Cupressaceae

🅟刺柏属

Juniperus

📍**分布区域**

主要集中在三园交界、线法山以南等地。正觉寺以及西山坡上分布有多株圆柏古树。全年均具有较好的观赏性。

叶针状或鳞片状

柽柳
Tamarix chinensis

乔木或灌木（d）；叶鲜绿色（b）；每年开花2~3次，春季开花：总状花序侧生在去年生木质化小枝上，花瓣5，粉红色，较花萼微长（a、c），果时宿存，蒴果圆锥形；夏、秋季开花：总状花序较春生者细，生于当年生幼枝顶端，组成顶生大圆锥花序，花瓣粉红色，直而略外斜，远比花萼长；花期4—9月。

柽柳树皮呈赤色，故唐代《本草拾遗》又将其称为"赤柽木"。柽柳不仅观赏价值高，还具有耐干旱、耐贫瘠、耐盐碱的特性，故生态价值也很高。

科 柽柳科
Tamaricaceae
属 柽柳属
Tamarix
分布区域
常见于曲院风荷、福海北岸等地，园区内多种植于水边。最佳观赏期为5月。

叶针状或鳞片状

银杏
Ginkgo biloba

乔木；枝近轮生，斜上伸展；叶扇形（c），秋季落叶前变为黄色（d）；雌雄异株，雄球花成柔荑花序状（a），雌球花具长梗（b）；种子近圆球形（e），外种皮肉质，熟时黄色或橙黄色，外被白粉，有臭味，中种皮白色，内种皮膜质；花期3—4月，种子9—10月成熟。

银杏是中生代孑遗的珍稀植物，是我国特有树种，具有较高的观赏价值和药用价值。

科 **银杏科**
Ginkgoaceae
属 **银杏属**
Ginkgo
◎ **分布区域**
全园均有分布。最佳观赏区位于三园交界处的银杏大道、方河银杏小道、福海西南角以及圆明园西部的银杏观赏区，最佳观赏期在11月中上旬。

单叶

望春玉兰
Yulania biondii

落叶乔木；树皮淡灰色，光滑；顶芽卵圆形或宽卵圆形，密被淡黄色展开长柔毛（a）；叶（b）椭圆状披针形、卵状披针形，先端急尖或短渐尖；花（a）先叶开放，芳香，花被9，外轮3片，外面基部常紫红色，雌雄蕊（c）异熟；聚合果（d）圆柱形，种子心形，外种皮鲜红色，内种皮深黑色；花期3月，果熟期9月。

望春玉兰是开花最早的一种玉兰，株形美观，花大色艳，在早春一片萧瑟的背景下，更显得朝气蓬勃，具有较高的观赏价值。

科 木兰科
Magnoliaceae
属 玉兰属
Yulania
分布区域
滴远、九州清晏等地。最佳观赏期为3月。

单叶

玉兰

Yulania denudata

　　落叶乔木；冬芽及花梗密被淡灰黄色长绢毛（a）；叶纸质，倒卵形、宽倒卵形或倒卵状椭圆形（c）；花蕾卵圆形，先叶开放，直立，花被9（f），白色，基部常带粉红色（b）；聚合果圆柱形（d、e），种子心形，侧扁；花期3月，果期8—9月。

　　西峰秀色主殿含韵斋周围分布有乾隆年间种植的玉兰10余株，花开时玉树银花，风韵无双，为园区内观赏玉兰的最佳之地。

科 **木兰科**

Magnoliaceae

属 **玉兰属**

Yulania

⊙ **分布区域**

全园均有分布，以西峰秀色、含经堂、九州清晏、滴远为佳。最佳观赏期为3月中旬至4月初。

単叶

蜡梅

Chimonanthus praecox

落叶灌木；叶纸质至近革质，卵圆形、椭圆形（a）；花着生于翌年生枝条叶腋内（b、c），先花后叶，芳香；果托近木质化，坛状或倒卵状椭圆形，口部收缩（d、e）；花期2—3月，果期4—11月。

蜡梅因其花黄色又名黄梅。蜡梅本非梅类，因其与梅同放，其香又近似，色似蜜蜡，故有其名。蜡梅常见的品种有狗牙、檀香、磬口、素心、荷花、虎蹄等，园区内分布较多的是狗牙（c）和素心（b）两个品种。蜡梅是重要的园林绿化植物。根、叶、花均可入药，具有理气止痛、散寒解毒、解暑生津等功效。

科 **蜡梅科**
Calycanthaceae
属 **蜡梅属**
Chimonanthus
◯ **分布区域**
主要分布在迎晖殿、坐石临流、日天琳宇。最佳观赏期为2月底至3月初。

山茱萸

Cornus officinalis

落叶乔木或灌木；树皮灰褐色；叶对生，卵状椭圆形，先端渐尖（a）；总苞片厚（b），伞形花序（c），总花梗粗壮，微被灰色短柔毛，花两性，先叶开放，花瓣4，舌状披针形，黄色，向外反卷；核果长椭圆形，红色至紫红色（d）；花期3—4月，果期9—10月。

科 山茱萸科
Cornaceae
属 山茱萸属
Cornus
分布区域
松风萝月北岸。最佳观赏期为3月。

山茱萸是北方地区较为常见的早春观赏花木。先花后叶，花期满树金黄，果期红果累累，颇为美观。山茱萸还具有一定的药用价值，其果可入药，称"萸肉"，有补益肝肾的功效。

单叶

旱柳
Salix matsudana

乔木（a）；枝细长，直立或斜展（a）；叶（b）披针形，基部窄圆或楔形，下面苍白或带白色，有细腺齿，幼叶有丝状柔毛；雄花序（c）圆柱形，雌花序（d）长达2厘米，基部有3~5片小叶生于短花序梗上；果序长达2（2.5）厘米；花期4月，果期4—5月。

旱柳是北京地区常见的观赏树种，也是圆明园常见的栽培植物。旱柳的常见变型有龙爪柳和馒头柳：龙爪柳枝条卷曲，多用于庭院绿化；馒头柳树冠半圆形，如同馒头状。园区内馒头柳分布较多。

科 杨柳科
Salicaceae
属 柳属
Salix
◎ 分布区域
全园均有分布。最佳观赏期为10—11月叶变黄的时候。

单叶

绦柳

Salix matsudana 'Pendula'

乔木；树冠开展而疏散（a）；枝细，下垂，黄色（b）；叶披针形，上面绿色，下面苍白色或带白色（c）；花序先叶开放，或与叶同时开放，雌雄异株，雄花序（e）偏黄色，雌花序（d）偏绿色；蒴果绿黄褐色；花期3—4月，果期4—5月。

绦柳枝长而下垂，与垂柳 *Salix babylonica* L.相似，其区别为绦柳的雌花有2个腺体，而垂柳只有1个腺体；绦柳小枝黄色，而垂柳的小枝褐色；绦柳叶为披针形，上面绿色下面苍白色，而垂柳叶为狭披针形或线状披针形，上面下面均为绿色。该种是北京地区最早发芽，最晚落叶的一种观赏乔木，一般种植在水边。圆明园水域面积较大，碧波垂柳，彰显"袅袅古堤边，青青一树烟"的缥缈意境。该种也是历史上圆明园最常用的四大植物（松、竹、柳、荷）之一。

科 杨柳科
Salicaceae
属 柳属
Salix
分布区域
全园均有分布，观赏期长。

单叶

毛白杨
Populus tomentosa

乔木；成年树皮光滑，布满菱形皮孔（a）；叶（b）宽卵形具深牙齿或波状牙齿，上面光滑，下面密生毡毛；雌雄异株，雄花序（c）苞片约具10个尖头，密生长毛，雌花序（d）苞片褐色，尖裂，沿边缘有长毛；蒴果，2瓣裂；花期3月，果期4—5月。

毛白杨的种子微小，其基部有由珠柄特化来的白色长毛，即俗称的杨絮。毛白杨是我国优良的速生树种之一，20年可成材，可做建筑、家具等。

科 **杨柳科**
Salicaceae
属 **杨属**
Populus
◎ **分布区域**
全园均有分布。

单叶

银白杨

Populus alba

乔木，高达30米；树皮白或灰白色（d）；幼枝被白色绒毛，萌条密被绒毛；萌枝和长枝叶卵圆形，掌状3~5浅裂，初两面被白绒毛，后上面脱落，短枝叶卵圆形或椭圆状卵形，上面光滑，下面被白色绒毛（a）；雄花序轴有毛，苞片膜质，宽椭圆形，边缘有不规则齿牙和长毛，雌花序轴有毛（b）；蒴果细圆锥形（c）；花期4—5月，果期5月。

银白杨是北京地区常用的园林景观树种，在园区内数量较多，秋季叶色变黄，具有较好的观赏性。

科 **杨柳科**
Salicaceae
属 **杨属**
Populus
📍 **分布区域**
主要分布在正觉寺北、碧桐书院等地。最佳观赏期为11月。

单叶

榆树
Ulmus pumila

落叶乔木；幼树树皮平滑，灰褐色或浅灰色，大树之皮暗灰色，呈不规则深纵裂，粗糙（c）；叶椭圆状卵形、边缘具重锯齿或单锯齿（a、b）；花先叶开放，在去年生枝的叶腋成簇生状（d）；翅果近圆形，果核位于翅果中部（e）；花果期3—6月。

榆树是北京地区早春开花较早的观赏乔木。该种属于风媒传粉，花小，花被不明显，颜色不鲜艳，故常在不经意间掉落，随后会结出一串串似铜钱的翅果，即榆钱。榆树浑身是宝，榆钱嫩时微甜，可生食也可蒸食；树皮晒干后掺玉米磨面，即榆皮面，可做饸饹。

科	榆科 Ulmaceae
属	榆属 Ulmus
分布区域	全园均有分布。最佳观赏期为9—11月。

单叶

大果榆

Ulmus macrocarpa

落叶乔木或灌木（a）；小枝有时两侧具对生而扁平的木栓翅（f）；叶宽倒卵形或椭圆状倒卵形，边缘具钝单锯齿或重锯齿，侧脉8~16对（b、c）；花簇生于去年枝的叶腋或苞腋（e）；翅果两面和边缘被毛，基部突窄成细柄，种子位于翅果的中部（d）；花果期4—5月。

大果榆又名扁榆，因其幼枝上有扁平的木栓翅而得名。叶、枝上常有虫瘿（c）。大果榆还是一种优良的木材，可做家具和农具。其翅果含油量高，所以也是很好的医药化工原料。

科 **榆科**
Ulmaceae
属 **榆属**
Ulmus
◎ **分布区域**
廓然大公叠石北。

单叶

黑弹树

Celtis bungeana

落叶乔木（a）；树皮灰色或暗灰色（d）；叶厚纸质，狭卵形、长圆形、卵状椭圆形至卵形，无毛（b），叶柄淡黄色，上面有沟槽；果单生叶腋（c），果柄细软，果成熟时黑色，近球形；花期4—5月，果期10—11月。

黑弹树因其果实成熟时为黑色而得名。因形态特征和朴树相近又名小叶朴，二者区别主要在于果实的颜色，朴树果实成熟后为橙色，黑弹树果实成熟后为黑色。

科 **大麻科**

Cannabaceae

属 **朴属**

Celtis

分布区域

正觉寺西北山坡、得胜概北岸等地。最佳观赏期为10月。

单叶

榉树

Zelkova serrata

　　乔木；树皮灰白色或褐灰色，呈不规则的片状剥落（c）；叶薄纸质至厚纸质，大小形状变异很大，卵形、椭圆形或卵状披针形（a）；雄花具极短的梗（b），雌花近无梗（f）；核果几无梗，淡绿色，斜卵状圆锥形，表面被柔毛，具宿存的花被（e）；花期4月，果期9—11月。

　　榉树树体高大，树形优美。春夏季绿荫满目，秋季叶色或红或黄（d），季相变化明显，景观效果极佳，是优良的秋叶观赏树种。榉树抗污染能力强，生态价值高。在当前大力提倡杨树改造的大环境下，榉树或可成为杨树的替代树种。

科 榆科

Ulmaceae

属 榉属

Zelkova

分布区域

镂月开云。最佳观赏期为10—11月。

单叶

桑

Morus alba

乔木或灌木（a）；叶（e）卵形或广卵形，先端急尖、渐尖或圆钝；雌雄异株，雌花序（c）、雄花序（d）与叶同时生出；聚花果（b）卵状椭圆形，成熟时红色或暗紫色；花期4—5月，果期5—8月。

桑株形美观，入秋后叶色会变黄，具有较高的观赏价值。桑叶可养蚕；桑树木材坚实、细密，可制农具；其茎皮纤维为优良的造纸和纺织原料。根、皮、叶和桑椹均可入药，有利尿镇咳的作用。成熟的桑椹可生食，食用的部分主要为肉质化的花被（萼片）。

科 **桑科**
Moraceae
属 **桑属**
Morus
◯ **分布区域**
全园均有分布。最佳观赏期为10月。

单叶

构

Broussonetia papyrifera

乔木；叶（a）螺旋状排列，广卵形至长椭圆状卵形，先端渐尖，基部心形，两侧常不相等，边缘具粗锯齿，不分裂或3~5裂，叶形变化较大；雌雄异株，雄花柔荑花序（b），雌花序球形头状（c）；聚花果（d）成熟时橙红色，肉质；花期4—5月，果期6—7月。

构抗性强，适应性广，繁殖速度极快，有一点土壤即可生长，易对其他植物的生长构成威胁。

科 **桑科**
Moraceae
属 **构属**
Broussonetia
分布区域
全园均有分布。最佳观赏期为10月。

单叶

白杜

Euonymus maackii

　　小乔木（a）；叶卵状椭圆形、边缘具细锯齿（b）；聚伞花序（c），花淡白绿色或黄绿色；蒴果（d）倒圆心状，种皮棕黄色，假种皮橙红色，全包种子，成熟后顶端常有小口；花期5—6月，果期9—11月。

　　白杜的俗名为丝棉木、明开夜合、华北卫矛、桃叶卫矛等。白杜的叶柄比较长，果实成熟后果皮粉红色，开裂后露出橘红色的假种皮，是景观效果较好的观赏类树种，在园林绿化中应用广泛。

科 **卫矛科**
Celastraceae
属 **卫矛属**
Euonymus
◉ **分布区域**
全园均有分布，以凤麟洲岛为佳。最佳观赏期为10—11月。

单叶

圆叶鼠李

Rhamnus globosa

灌木；叶纸质或薄纸质，对生或近对生，近圆形、倒卵状圆形或卵圆形，边缘具圆齿状锯齿（a、b）；花单性，雌雄异株，雌花（d）和雄花均为4基数，花萼和花梗均被疏微毛（d、e）；核果球形或倒卵状球形（c），种子黑褐色；花期4—5月，果期6—10月。

圆叶鼠李耐阴、耐干旱，可植于乔木下，形成乔灌草结合的分层景观效果。其种子可榨油，供润滑油用；茎皮、果实和根可做绿色染料，经济价值高。

🔬 **鼠李科**
Rhamnaceae
🔬 **鼠李属**
Rhamnus
📍 **分布区域**
别有洞天东山坡等地。最佳观赏期为4—7月。

单叶

枣
Ziziphus jujuba

落叶小乔木，稀灌木；树皮褐色或灰褐色（a）；叶纸质，卵形（b），托叶变成了枝刺（e）；花黄绿色（c），两性；核果矩圆形或长卵圆形（d），成熟时红色，后变红紫色，中果皮肉质，味甜，核顶端锐尖，种子扁椭圆；花期5—7月，果期8—9月。

枣原产于中国，至今有超过4000年的栽培历史，已培育出数百个品种，是世界上食用和栽培最早的果树之一。枣树开花繁密，枣花含蜜量大，是重要的蜜源植物，但坐果率比较低。枣的野生种即为酸枣，成语"荆棘丛生"中的荆指的是荆条，棘指的就是酸枣。

科 鼠李科
Rhamnaceae
属 枣属
Ziziphus
分布区域
涵秋馆、得胜概北岸等地。最佳观赏期为6月和9月。

紫薇
Lagerstroemia indica

落叶灌木或小乔木；树皮平滑（d），灰色或灰褐色；叶互生或有时对生（a），纸质，椭圆形；花淡红色或紫色、白色（c），顶生圆锥花序（b）；蒴果椭圆状球形（e）；花期6—9月，果期9—12月。

紫薇的树皮具有越老越光滑的特点，用手摩挲其树干，整棵树就会微微颤动，似怕挠痒，故又名"痒痒树"。其花期较长，可持续达3个月以上，故又名"百日红"。紫薇的花瓣皱缩具长爪，花色主要为红紫色。花瓣有白色的变种，称为"银薇"。

科 **千屈菜科**
Lythraceae
属 **紫薇属**
Lagerstroemia
⊙ **分布区域**
全园均有分布。最佳观赏期为6—7月。

单叶

南紫薇

Lagerstroemia subcostata

科 千屈菜科
Lythraceae
属 紫薇属
Lagerstroemia
分布区域
上下天光北。最佳观赏期为9月。

　　落叶乔木或灌木；树皮薄，灰白色，无毛或稍被短硬毛（c）；叶膜质，矩圆形或矩圆状披针形，稀卵形（a）；花小，白色或玫瑰色（d），组成顶生圆锥花序（b）；蒴果椭圆形（e），种子有翅（f）；花期6—8月，果期7—10月。

　　南紫薇树形优美，具有较强的抗毒和抗烟尘能力，在园林绿化中被广泛应用，园区内数量较少。该种与紫薇的形态特征较为相似，两者的主要区别在于花瓣和果实，该种花瓣短而紫薇花瓣长，该种果实小而紫薇果实大。

单叶

石榴
Punica granatum

落叶灌木或乔木；枝顶常成尖锐长刺，幼枝具棱角，老枝近圆柱形；叶在长枝上对生，短枝上簇生，纸质（a）；花通常大，红色（b、c）；果近球形，通常为淡黄褐色或淡黄绿色（d），种子多数，钝角形，红色至乳白色，肉质的外种皮供食用；花期6—7月，果期9月。

石榴原产巴尔干半岛至伊朗及其邻近地区。据载是由张骞从西域引入。中国传统文化中视石榴为吉祥物，农历的五月亦因石榴花开而被称为"榴月"。同时它也是多子多福的象征。

科 千屈菜科
Lythraceae
属 石榴属
Punica
○ 分布区域
濂溪乐处。最佳观赏期为6月。

单叶

猬实

Kolkwitzia amabilis

多分枝直立灌木；幼枝红褐色，被短柔毛及糙毛，老枝光滑，茎皮剥落（a）；叶（b）椭圆形至卵状椭圆形；伞房状聚伞花序，花冠淡红色，内面具黄色斑纹（c）；果实（d）密被黄色刺刚毛，顶端伸长如角，冠以宿存的萼齿；花期4—5月，果熟期8—9月。

猬实是中国特有的单种属珍稀植物，目前已被列入《国家重点保护野生植物名录》。1901年被德国植物学家发现并命名，因其果实密被黄色的刺刚毛，顶端伸长如角，形似刺猬，故称之为"猬实"。猬实还有一个别名叫"美人木"，缘其株形、花、果俱美而得名。

科 **忍冬科**
Caprifoliaceae
属 **猬实属**
Kolkwitzia
📍 **分布区域**
福海北岸、水木明瑟等地。最佳观赏期为4月底至5月中旬。

单叶

金银忍冬
Lonicera maackii

落叶灌木；叶（b）纸质，形状变化较大，通常卵状椭圆形至卵状披针形；花芳香，生于幼枝叶腋，总花梗短于叶柄，花冠先白色后变黄色（a）；果实（c）暗红色，圆形，种子具蜂窝状微小浅凹点；花期5—6月，果熟期8—10月。

金银忍冬俗名金银木，因花冠先白色后变为黄色且茎木质，故得名"金银木"。该种为花果俱佳的观赏灌木，在园林绿化中应用广泛。尤其秋冬季节，成对鲜红的果实挂满枝头，不仅具有较好的观赏性，同时也为鸟儿提供了美食。

🏷️**科** 忍冬科 **Caprifoliaceae**
🏷️**属** 忍冬属 *Lonicera*
📍**分布区域**
全园均有分布，分布较多的是松风萝月西、福海南、涵秋馆等地。最佳观赏期为5月的花期和9—10月的果期。

单叶

紫丁香
Syringa oblata

灌木或小乔木；叶片（c）革质或厚纸质，卵圆形至肾形；花冠紫色（a）或白色（b），花药黄色；果（d）倒卵状椭圆形、卵形至长椭圆形，种子长椭圆形（e）；花期4—5月，果期6—10月。

紫丁香俗名白丁香，是园区内种植较为广泛的灌木类树种。

科 木樨科
Oleaceae
属 丁香属
Syringa
分布区域

全园均有分布。相传北京戒台寺中有乾隆年间从圆明园移栽的若干株古丁香。2017年北京戒台寺向圆明园捐赠两棵古丁香的萌蘖株，当时已有30年树龄，移植到圆明园西部景区山高水长东南部。主要观赏期为3—4月。

单叶

暴马丁香

Syringa reticulata subsp. *amurensis*

乔木；叶片（c）厚纸质，宽卵形、卵形至椭圆状卵形；圆锥花序（a），花冠白色，花药黄色（d）；果（b）长椭圆形，先端常钝，或为锐尖，种子（e）长椭圆形，边缘有翅；花期5—6月，果期7—10月。

暴马丁香和紫丁香的区别主要在于：其一，花期不同，紫丁香的花期早，暴马丁香的花期晚；其二，紫丁香花蕊不伸出花冠，而暴马丁香的花蕊伸出花冠。

科 **木樨科**
Oleaceae
属 **丁香属**
Syringa
⊙ **分布区域**
九州清晏。圆明园历史上曾种植过丁香、暴马丁香等，如今园区内暴马丁香数量较少。主要观赏期为5—6月。

单叶

辽东水蜡树
Ligustrum obtusifolium subsp. *suave*

落叶多分枝灌木（a）；小枝淡棕色或棕色，圆柱形，被较密微柔毛或短柔毛；叶片（b）纸质，披针状长椭圆形，先端钝或锐尖；圆锥花序（c）着生于小枝顶端，花序轴、花梗、花萼均被微柔毛或短柔毛；果（d）近球形或宽椭圆形；花期5—6月，果期8—10月。

辽东水蜡树耐修剪，叶色嫩绿，有光泽，花白色，芳香，是一种非常好的园林绿化灌木树种。

科 木樨科
Oleaceae
属 女贞属
Ligustrum
分布区域
三园交界处的银杏大道。最佳观赏期为5月。

单叶

雪柳

Fontanesia philliraeoides var. *fortunei*

落叶灌木或小乔木；树皮灰褐色（a）；叶片纸质，披针形（b）；圆锥花序顶生或腋生（c、d）；果黄棕色，倒卵形至倒卵状椭圆形，扁平，先端微凹，花柱宿存，边缘具窄翅（e），种子具三棱；花期4—6月，果期6—10月。

雪柳因其叶狭长似柳树而得名，但其叶对生，有别于杨柳科的互生叶。传说雪柳果实的形状可以预报五谷的收成，故又名"五谷树"。

科 **木樨科**
Oleaceae
属 **雪柳属**
Fontanesia
分布区域
万方安和、濂溪乐处、翠鸟桥以西。最佳观赏期为4月的花期和6月的果期。

单叶

连翘
Forsythia suspensa

科 **木樨科**
Oleaceae
属 **连翘属**
Forsythia
📍**分布区域**
全园均有分布。最佳观赏期为4月。

落叶灌木；小枝略呈四棱形，疏生皮孔，节间中空（f）；叶通常为单叶，或3裂至三出复叶，叶片卵形、宽卵形或椭圆状卵形至椭圆形（a）；花通常单生或2至数朵着生于叶腋（c），先于叶开放，花萼绿色，花冠黄色，有长柱花（b）和短柱花（c）之分；果卵球形、卵状椭圆形或长椭圆形，表面疏生皮孔（d）；花期3—4月，果期7—9月。

连翘是北京市早春最常见的观赏花卉之一，果可入药，具清热解毒之功效，"银翘解毒片"中的"翘"即为连翘。其近缘种金钟花在园林绿化中经常与其混种，极易混淆。两者典型区别为：金钟花枝有片状髓（e），而连翘茎中空（f）。圆明园中分布的均为连翘。

单叶

迎春花
Jasminum nudiflorum

落叶灌木，枝条下垂（c）；小枝四棱形；叶（a）对生，三出复叶，小枝基部常具单叶，小叶片卵形、长卵形或椭圆形；花（b）单生于去年生小枝的叶腋，稀生于小枝顶端，花冠黄色，裂片5~6枚，长圆形或椭圆形；果（d）长椭圆形；花期3月，果期4月。

科 **木樨科**
Oleaceae
属 **素馨属**
Jasminum
◎ **分布区域**
全园均有分布。最佳观赏期为3月。

迎春花又称黄素馨、金腰带，因其在百花之中开花较早，花后即迎来百花齐放的春天而得名。它与梅花、水仙、山茶统称为"雪中四友"，是中国常见的早春花灌木之一。

单叶

柿

Diospyros kaki

落叶大乔木；树皮（c）深灰色至灰黑色，沟纹较密，裂成长方块状，树冠球形或长圆球形；叶（a）纸质，卵状椭圆形至倒卵形或近圆形，通常较大，先端渐尖或钝；雌雄异株，但间或有雄株中有少数雌花（b），雌株中有少数雄花，花序腋生，为聚伞花序；果（d）球形、扁球形等，种子褐色，椭圆状；花期5—6月，果期9—10月。

柿在北京地区常作为行道树，绝大多数为嫁接树种，故能看到树基部的嫁接环（c）。

科 **柿科**

Ebenaceae

属 **柿属**

Diospyros

◎ **分布区域**

涵秋馆、松风萝月北等地。最佳观赏期为5月的花期和10月的果期。

单叶

君迁子
Diospyros lotus

落叶乔木（f）；树冠近球形或扁球形，树皮灰黑色或灰褐色，深裂或不规则的厚块状剥落；叶（a）近膜质，椭圆形至长椭圆形，先端渐尖或急尖；花量大（d、e），花冠（b、c）壶形，带红色或淡黄色，4裂；果（f）近球形或椭圆形，初熟时为淡黄色，后则变为蓝黑色，常被有白色薄蜡层，种子长圆形，褐色；花期5—6月，果期10—11月。

君迁子俗名黑枣、软枣，抗旱抗寒性较强，故常用黑枣树作为嫁接柿树的砧木，以提高柿树的抗性。

科 **柿科**
Ebenaceae
属 **柿属**
Diospyros
分布区域
正觉寺北、澄心堂南等地。最佳观赏期为5月的花期和10月的果期。

单叶

太平花

Philadelphus pekinensis

灌木；叶卵形或阔椭圆形，先端长渐尖，边缘具锯齿，两面无毛（a）；花序总状（b），花萼黄绿色（e），花瓣白色（d）；蒴果近球形或倒圆锥形（c），宿存萼裂片近顶生；花期5—7月，果期8—10月。

相传北宋仁宗皇帝为其赐名"太平瑞圣花"。清道光以前，只有畅春园和圆明园有分布。道光时此花被引入宫中，道光帝为避父讳（嘉庆帝的庙号为"仁宗睿皇帝"），改称太平花。该种为山梅花的近缘种，形态特征较为相似，主要区别在花萼外面，光滑的是太平花，有糙伏毛的为山梅花。园区内仅分布有太平花。

科 绣球花科
Hydrangeaceae
属 山梅花属
Philadelphus
分布区域
福海南河道、慈云普护等地。最佳观赏期为5月。

水枸子
Cotoneaster multiflorus

落叶灌木（a）；枝条细瘦，常呈弓形弯曲，小枝圆柱形；叶片（b）卵形或宽卵形，先端急尖或圆钝；花（c）多数，5~21朵，成疏松的聚伞花序，花瓣白色平展，近圆形，先端圆钝或微缺，基部有短爪；果实（d）近球形或倒卵形，红色；花期5—6月，果期8—10月。

水枸子是优良的观花、观果灌木，同时也是保持水土、涵养水源的重要树种。其木质坚硬而富弹性，是制作小农具的好材料。

🈯 **蔷薇科**
Rosaceae
🈯 **枸子属**
Cotoneaster
📍 **分布区域**
得胜概南山坡。最佳观赏期为 5 月的花期和 10 月的果期。

单叶

平枝栒子
Cotoneaster horizontalis

落叶或半常绿匍匐灌木；枝（a）水平开
张成整齐两列状，宛如蜈蚣，故又名铺地蜈
蚣；叶片（b、c）近圆形或宽椭圆形，全缘；
花1~2朵；果实（d）近球形，鲜红色；花期
5—6月，果期9—11月。

平枝栒子秋季叶色红艳，枝头红果累累，
枝、叶、花和果均具有较高的观赏价值。该
种常用于基础种植、地被或布置岩石园。

科 蔷薇科
Rosaceae
属 栒子属
Cotoneaster
分布区域
得胜概南山坡、敷
春堂等地。最佳观
赏期为10月。

单叶

杜梨

Pyrus betulifolia

乔木，树冠开展（a）；叶片菱状卵形至长圆卵形，边缘有粗锐锯齿（d）；伞形总状花序（b），总花梗和花梗均被灰白色绒毛，花萼筒外亦密被灰白色绒毛，花瓣宽卵形，先端圆钝，基部具有短爪，白色（c）；果实近球形，褐色，有淡色斑点，萼片脱落，基部具带绒毛果梗（e）；花期4月，果期8—9月。

杜梨树形优美，花色洁白，具有较高的观赏价值。该种果小，不堪食。本种抗旱抗寒能力强，故常作各种栽培梨的砧木。

科 蔷薇科

Rosaceae

属 梨属

Pyrus

分布区域

小有天园西北、九州清晏、澹泊宁静。最佳观赏期为4月。

单叶

白梨
Pyrus bretschneideri

乔木（e）；小枝幼时密被柔毛，不久脱落，老枝紫褐色，疏生皮孔；叶（a）卵形或椭圆状卵形，基部宽楔形，稀近圆，边缘有尖锐锯齿，齿尖有刺芒；花（b、c）7~10组成伞形总状花序，花药紫红色（c、d）；果卵球形或近球形；花期4月，果期8—9月。

白梨是华北地区广泛栽培的品种，该种在园区内数量较少。该种株形优美，叶色翠绿，花蕾似仙桃，花瓣洁白，花药紫红，盛花期洁白似雪，具有较高的观赏价值。

科 蔷薇科

Rosaceae

属 梨属

Pyrus

分布区域

曲院风荷、澹泊宁静等地。最佳观赏期为4月。

单叶

山楂
Crataegus pinnatifida

落叶乔木；叶片（a）宽卵形或三角状卵形，通常两侧各有3~5羽状深裂片；伞房花序（b）具多花，总花梗和花梗均被柔毛，花瓣（c）倒卵形或近圆形，白色；果实（d）近球形或梨形，深红色，有浅色斑点；花期4—6月，果期9—10月。

山楂具有较高的观赏价值，秋季红果累累，颇为美观。山楂叶具有较高的药用价值，对保护心血管、提高心脏功能等有很好的疗效。山楂树是北京重要的果树，果实供鲜吃及加工用。

科 蔷薇科
Rosaceae
属 山楂属
Crataegus
◎ 分布区域
涵秋馆。最佳观赏期为4月的花期和10月的果期。

单叶

山桃
Prunus davidiana

乔木；树冠开展，树皮暗紫色，光滑；叶片卵状披针形，先端渐尖，基部楔形，两面无毛，叶边具细锐锯齿（a）；花单生，先于叶开放（b），花瓣倒卵形或近圆形，粉红色、白色；果实近球形，淡黄色（a）；花期3—4月，果期7—8月。

武陵春色是圆明园四十景之一，位于万方安和之北，是一处表现陶渊明《桃花源记》意境的园中园。武陵春色始建于康熙末年，雍正时名"桃花坞"，乾隆时改名为"武陵春色"，并作了增建。当年这里号称山桃万株，是御园中赏桃花的好地方。如今在武陵春色山体上种植了大量的山桃，着力表现春季山花烂漫，湖岸边则用碧桃与柳树配植，再现盛时桃花景观。

科 蔷薇科
Rosaceae
属 李属
Prunus

分布区域
全园均有分布，以凤麟洲、松风萝月西、仙人承露山坡、福海周边、玉兰堂、武陵春色、映清斋等地为佳。最佳观赏期为3—4月。

单叶

碧桃

Prunus persica 'Duplex'

小乔木（a）；单叶互生，椭圆状或披针形，叶边具细锯齿（b）；花单生或2朵生于叶腋（b、c、d），先于叶开放，花有单瓣、半重瓣和重瓣，花色有白、粉红、红和红白相间等色；果实形状和大小均有变异，卵形、宽椭圆形或扁圆形；花期3—4月，果期8—9月。

碧桃在园林中应用较为普遍，品种繁多，颜色和瓣形多样，有绯桃、绛桃、白花碧桃、红花碧桃等常见品种。桃和柳常栽植于水边，形成桃红柳绿的景观效果。

科 蔷薇科

Rosaceae

属 李属

Prunus

⊙分布区域

全园均有分布。最佳观赏期为4月。

单叶

杏
Prunus armeniaca

乔木；叶片（b）宽卵形或圆卵形，叶边有圆钝锯齿；花（c）单生，先于叶开放，花瓣圆形至倒卵形，白色或带红色，花萼花后反折（a）；果实球形（d）；花期3—4月，果期6—7月。

杏花春馆，圆明园四十景之一，建自康熙年间，初名"菜圃"。雍正年间，依据杜牧诗作《清明》中的意境进行了改建，易名为"杏花村"，乾隆年间又更名为"杏花春馆"。如今杏花春馆种植了大量的杏树。每到春天，杏花花蕾未绽时，花萼红艳如霞，绽放时花瓣洁白如雪，山花烂漫，一派盛世景象。

（科）**蔷薇科**
Rosaceae
（属）**李属**
Prunus
（分布区域）
全园均有分布，主要观赏地为杏花春馆、花神庙等地。

单叶

紫叶李

Prunus cerasifera 'Atropurpurea'

灌木或小乔木；叶片椭圆形、卵形或倒卵形，先端急尖，边缘有圆钝锯齿，有时混有重锯齿，紫色（a、d）；花1朵（b），稀2朵，萼筒钟状，花瓣白色，长圆形或匙形，花萼花后反折（c）；核果近球形或椭圆形，黄色、红色或黑色，微被蜡粉（d），核椭圆形或卵球形；花期4月，果期8月。

科 蔷薇科
Rosaceae
属 李属
Prunus
◎ 分布区域
全园均有分布。最佳观赏期为4—5月。

紫叶李是园林绿化中较为常用的彩叶树种，嫩叶呈淡紫色，愈老紫色愈深。紫叶李是樱桃李（*Prunus cerasifera*）的栽培变型。紫叶李在圆明园中分布较为广泛，长势良好，不易染病虫害。

单叶

榆叶梅
Prunus triloba

灌木；叶片宽椭圆形至倒卵形，先端短渐尖（a）；花先于叶开放，花瓣近圆形或宽倒卵形，先端圆钝，有时微凹，粉红色（b、c）；果实近球形，顶端具短小尖头，红色，外被短柔毛（d），果肉薄，成熟时开裂，核近球形，具厚硬壳，表面具不整齐的网纹；花期3—4月，果期6—7月。

榆叶梅是北京市早春较常见的先花后叶观赏类灌木，因其叶似榆，花似梅而得名。有单瓣和重瓣之分，盛花期花繁色艳，颇为壮观。

科 蔷薇科
Rosaceae
属 李属
Prunus
分布区域
全园均有分布。最佳观赏期为3月。

单叶

毛樱桃

Prunus tomentosa

灌木（a）；叶片卵状椭圆形或倒卵状椭圆形，边缘具粗锐锯齿，有毛（b）；花单生或2朵簇生，花叶同开，花瓣白色或粉红色，倒卵形，先端圆钝（c）；核果近球形，成熟时红色（d）；花期3—4月，果期5—9月。

毛樱桃叶、枝、果实均有毛，故而得名。本种在北京山区有野生，果酸甜可食。市面上的车厘子指的是欧洲甜樱桃，其果实比毛樱桃大，味道也比毛樱桃甜。

科 蔷薇科
Rosaceae
属 李属
Prunus
分布区域
福海南河道、仙人承露等地。最佳观赏期为3—4月的花期和5—6月的果期。

单叶

梅

Prunus mume

小乔木，稀灌木；小枝绿色，无毛（a）；叶卵形或椭圆形，具细小锐锯齿；花（b、c、d）单生或2朵生于1芽内，香味浓，先叶开放，花萼常红褐色，有些品种花萼为绿或绿紫色，萼筒宽钟形，花瓣倒卵形，白或粉红色；果近球形，熟时黄或绿白色，被柔毛，味酸，果肉黏核，核椭圆形，顶端圆，有小突尖头，具蜂窝状孔穴；花期3月，果期5月。

梅先花后叶，花期芳香扑鼻，色泽明艳，有粉、白两种颜色，白花种数量较少。

科 蔷薇科

Rosaceae

属 李属

Prunus

分布区域

廓然大公、福海西、玉兰堂，园区内分布比较集中，多分布在廓然大公周边。最佳观赏期为3月。

单叶

龙游梅

Prunus mume var. *tortuosa*

　　小乔木（a）；小枝绿色，光滑无毛，枝条自然扭曲如游龙（b）；叶片卵形或椭圆形，灰绿色；花（c）单生或有时2朵同生，香味浓郁，先于叶开放，花萼（d）通常红褐色，花瓣倒卵形，白色；果实近球形，黄色或绿白色，被柔毛，核椭圆形，表面具蜂窝状孔穴；花期3月，果期7—8月。

> 科 **蔷薇科**
> **Rosaceae**
> 属 **李属**
> *Prunus*
> ◉ **分布区域**
> 廓然大公西岸，园区内只有一棵。最佳观赏期为3月。

　　真梅系中按照梅的枝姿可分为三类：直枝梅、垂枝梅和龙游梅。龙游梅枝条自然扭曲，花白色芳香，只有一个品种即"玉蝶龙游梅"，为梅中珍品。

单叶

海棠花
Malus spectabilis

科 蔷薇科
Rosaceae
属 苹果属
Malus
◎ 分布区域
全园均有分布。最佳观赏期为4月。

高大乔木（a）；小枝粗，幼时被短柔毛，渐脱落；叶椭圆形至长椭圆形，边缘有紧贴细锯齿（b），幼时两面被稀疏短柔毛，后脱落，老叶无毛；花4~6，组成近伞形花序，花瓣白色，在蕾中呈粉红色（c）；果近球形，黄色，有宿存萼片，果柄细长，近顶端肥厚（d）；花期4—5月，果期8—9月。

海棠花花姿优雅，素有"花中神仙""花贵妃"等雅称。清朝皇帝也十分喜爱海棠，曾在圆明三园中多处种植。宋代女词人李清照在《如梦令·昨夜雨疏风骤》中写道："昨夜雨疏风骤，浓睡不消残酒。试问卷帘人，却道海棠依旧。知否，知否？应是绿肥红瘦。"海棠花是我国著名观赏树种，花蕾粉红色，开后变白，花期花量大，甚是壮观。果可食用，酸甜可口。

单叶

西府海棠

Malus × micromalus

　　小乔木，树枝直立性强（a）；叶片（b）长椭圆形或椭圆形，边缘有尖锐锯齿，嫩叶被短柔毛，老时脱落；伞形总状花序（b），有花4~7朵，集生于小枝顶端，花瓣近圆形或长椭圆形，基部有短爪，粉红色（c）；果实（d）近球形；花期4—5月，果期8—9月。

　　西府海棠是北京地区常见的早春观赏树种，花姿优雅，具有较高的观赏价值。

科 蔷薇科
Rosaceae
属 苹果属
Malus
分布区域
全园均有分布，最多的是小有天园、长春仙馆北和茹古涵今。最佳观赏期为3—4月。

单叶

垂丝海棠
Malus halliana

乔木，树冠开展；叶片卵形或椭圆形至长椭卵形（a）；伞房花序，具花4~6朵，花梗细弱，下垂，紫色（c、d），花瓣倒卵形，基部有短爪，粉红色，常在5数以上（b）；果实梨形或倒卵形（e），略带紫色，萼片脱落，果梗长2~5厘米；花期3—4月，果期9—10月。

科 蔷薇科
Rosaceae
属 苹果属
Malus
⊙ 分布区域
小有天园。最佳观赏期为4月。

垂丝海棠为"海棠四品"（西府海棠、垂丝海棠、贴梗海棠和木瓜海棠）之一，因其花梗紫色细弱而呈下垂状而得名。其果实较小，果期萼片脱落。垂丝海棠是北京地区较为常见的观赏乔木，圆明园分布数量较少。

单叶

贴梗海棠

Chaenomeles speciosa

科 蔷薇科
Rosaceae
属 木瓜海棠属
Chaenomeles
分布区域
天神坛、玉兰堂等地。最佳观赏期为4月。

落叶灌木（a）；叶片卵形至椭圆形，边缘具有尖锐锯齿（b）；花（e、f）先叶开放，3~5朵簇生于二年生老枝上，花瓣倒卵形或近圆形，基部延伸成短爪，猩红色（f）；果实球形，黄色或带黄绿色，干后果皮皱缩（c、d）；花期3—5月，果期9—10月。

贴梗海棠因其花色鲜艳似海棠，且花梗短，贴着树枝着生而得名。又因果实干后果皮皱缩，故又名皱皮木瓜。它是北京地区较为常见的观花、观果类灌木，可做盆景观赏，具有较高的景观价值。目前栽培品种较多，花色有大红、粉红和乳白色，同时还有重瓣和半重瓣的品种。果实含苹果酸、酒石酸、丙种维生素等，干制后可入药，有舒筋活络、镇痛消肿的功效。

单叶

毛花绣线菊

Spiraea dasyantha

灌木（a）；小枝细瘦，呈明显的"之"字形弯曲（b）；叶片菱状卵形，边缘自基部1/3以上有深刻锯齿或裂片，有皱脉纹（b），下面密被白色绒毛，羽状脉显著；伞形花序，具花10~20朵，花瓣宽倒卵形至近圆形，先端微凹，白色（c），总梗密被灰白色绒毛（d）；蓇葖果开张，被绒毛；花期5—6月，果期7—8月。

科 蔷薇科
Rosaceae
属 绣线菊属
Spiraea
◎ 分布区域
正觉寺西。最佳观赏期为5月。

绣线菊属植物是北京地区常见的观花灌木，圆明园目前仅发现一种。本种和土庄绣线菊外观颇为相似，主要区别在于：毛花绣线菊的伞形花序密被灰白色绒毛，而土庄绣线菊的伞形花序无毛。

单叶

黄栌

Cotinus coggygria var. *cinereus*

灌木或小乔木；叶（c）倒卵形或卵圆形，先端圆形或微凹，基部圆形或阔楔形，全缘，两面或尤其叶背显著被灰色柔毛；圆锥花序，被柔毛，花杂性，花瓣卵形或卵状披针形，花盘5裂（a）；果（b、d）肾形，无毛；花期5—6月，果期7—8月。

黄栌俗名灰毛黄栌、红叶，香山红叶即为该种，叶子变红的条件是昼夜温差要达到10摄氏度以上。该种不孕花花梗果期伸长，密生开展的由粉色逐渐变为紫红色的长毛（b、d），远观如烟似雾，故又名"烟树"。可作为插花花材，取名为"雾中情人"。

科 漆树科
Anacardiaceae
属 黄栌属
Cotinus
📍 **分布区域**
全园均有分布，玉玲珑馆和含经堂分布最多。最佳观赏期为5月和10月。

单叶

元宝槭

Acer truncatum

落叶乔木（a）；叶（d）纸质，常5裂，稀7裂，基部截形稀近于心脏形，裂片三角卵形或披针形，边缘全缘；花黄绿色，杂性，雄花（e）与两性花（f）同株，常成无毛的伞房花序（b），花药黄色；翅果（c）嫩时淡绿色，成熟时淡黄色或淡褐色；花期4月，果期8月。

元宝槭又名元宝枫，是园区内主要的彩叶树种。该种树形优美、枝叶繁茂，秋季叶色变黄变红，季相变化明显，给人呈现一种"霜叶红于二月花"的美丽秋景。它还是一个集药用、化工、水土保持功能等于一体的优良树种。

科 **无患子科**

Sapindaceae

属 **槭属**

Acer

📍 **分布区域**

全园均有分布，主要观赏区为天然图画、滴远、狮子林等地。最佳观赏期为10—11月。

单叶

杜仲

Eucommia ulmoides

落叶乔木；树皮灰褐色（c），内含橡胶，折断拉开有多数细丝；叶椭圆形、卵形或矩圆形，薄革质（b）；花单性，雌雄异株，雌花（d）和雄花（e）无花被，先叶开放，或与新叶同出；翅果扁平，长椭圆形，先端2裂，基部楔形，周围具薄翅（a）；花期4月，果期10月。

科 **杜仲科**
Eucommiaceae
属 **杜仲属**
Eucommia
◎ **分布区域**
蘋香榭南山坡、廓然大公等地。

杜仲科是中国特有的单种科。杜仲是北京地区较为常见的观赏乔木，树形优美，景观效果好，非常适合在庭院种植。杜仲富含胶质，茎皮、树叶以及果实折断拉开有细丝，可提取硬橡胶。树皮药用，种子含油。早在《本草纲目》中就有对杜仲的描述"其皮折之，白丝相连，江南谓之棉。初生嫩叶可食，谓之棉芽。"

单叶

梧桐
Firmiana simplex

落叶乔木；树皮青绿色，平滑（e）；叶心形，掌状3~5裂，裂片三角形，顶端渐尖，基部心形（a、d）；圆锥花序顶生（c），花单性，雄花（g）和雌花（f）呈淡黄绿色；蓇葖果膜质，有柄（b），成熟前开裂成叶状，种子圆球形（b）；花期6月，果期7月。

碧桐书院是圆明园四十景之一，位于后湖东北岸，是一处环山带水的园中园。始建于康熙晚期，旧称"梧桐院"，雍正三年改为"碧桐书院"。植物景观以梧桐著称，每到盛夏，绿荫如盖，非常凉爽，雨打梧桐，声韵动人。

科 梧桐科
Sterculiaceae
属 梧桐属
Firmiana
分布区域
风荷楼西山坡、碧桐书院等地。最佳观赏期为6—7月。

单叶

毛泡桐

Paulownia tomentosa

乔木，树冠宽大伞形，树皮褐灰色（f）；叶片心形，顶端锐尖，全缘或波状浅裂（a）；花序为金字塔形或狭圆锥形（b、e），萼浅钟形，花冠紫色，漏斗状钟形（d）；蒴果卵圆形，幼时密生黏质腺毛（c）；花期4—5月，果期8—9月。

毛泡桐是北京地区常见的观赏类乔木，可作行道树，也可孤植。同时它还是经济价值较高的速生树种。

🔖科 泡桐科
Paulowniaceae
🔖属 泡桐属
Paulownia
📍分布区域
澄心堂、杏花春馆等地。最佳观赏期为4月。

单叶

梓

Catalpa ovata

乔木，树冠伞形；叶（a）对生或近于对生，阔卵形，全缘或浅波状；顶生圆锥花序（d），花冠钟状，淡黄色，内面具2黄色条纹及紫色斑点（b）；蒴果（c）线形，下垂，种子（e）长椭圆形，两端具有平展的长毛；花期5—6月，果期7—8月。

古人常在家屋旁种植桑和梓，是以用"桑梓"喻故乡。梓在园区内分布数量较少，花期具有较好的观赏性。

科 紫葳科

Bignoniaceae

属 梓属

Catalpa

分布区域

三孔桥东北山坡。最佳观赏期为5月中下旬。

楸
Catalpa bungei

乔木（a）；叶（c）三角状卵形或卵状长圆形，顶端长渐尖，基部截形、阔楔形或心形；顶生伞房状总状花序（b），有花2~12朵，花冠淡红色，内面具有2黄色条纹及暗紫色斑点（d）；蒴果线形，种子狭长椭圆形，两端生长毛；花期5—6月，果期6—10月。

楸株形优美，花形美观，盛开时粉花满枝，具有较高的观赏价值。园区内的楸只看到开花，没有看到结果。

科 **紫葳科**
Bignoniaceae
属 **梓属**
Catalpa
🔍 **分布区域**
玉兰堂、别有洞天等地，园区内分布较少，最大的一棵位于玉兰堂。最佳观赏期为4月中旬至4月底。

单叶

黄金树
Catalpa speciosa

科 紫葳科
Bignoniaceae
属 梓属
Catalpa
分布区域
三孔桥东北山坡。最佳观赏期为5月中下旬。

乔木；叶卵心形至卵状长圆形，顶端长渐尖（a），叶背有毛，基部有绿色腺体（c）；圆锥花序顶生（b）；花冠白色，喉部有2黄色条纹及紫色细斑点（d）；蒴果圆柱形；花期5—6月，果期8—9月。

楸、梓、黄金树通常被称为紫葳科梓属"三姊妹"，形态特征相近。主要识别要点看花期和花色，楸花期最早，另两种花期稍晚；楸花偏粉色，梓花偏黄色，黄金树花偏白色。它们均可作为行道树，在园林绿化中应用广泛。

单叶

欧洲荚蒾

Viburnum opulus

落叶灌木，树皮常纵裂；冬芽（e）卵圆形；叶（a）轮廓圆卵形至广卵形或倒卵形，通常3裂，具掌状3出脉，边缘具不整齐粗牙齿；复伞形聚伞花序（c），大多周围有大型的不孕花，花冠白色，辐状，裂片近圆形（b）；果实（d）红色，近圆形，核扁，近圆形，灰白色，稍粗糙，无纵沟；花期4—6月，果熟期9—10月。

科 **五福花科**

Adoxaceae

属 **荚蒾属**

Viburnum

📍 **分布区域**

鸿慈永祜、松风萝月等地。最佳观赏期为4月。

欧洲荚蒾和天目琼花形态特征相近，易于混淆，主要识别要点在于中间可孕花的花药，前者花药黄色，后者花药紫色。目前在北京市种植的绝大多数是欧洲荚蒾，园区内也均为欧洲荚蒾。

单叶

六道木
Zabelia biflora

落叶灌木；叶（b）矩圆形至矩圆状披针形；花（c）单生于小枝上叶腋，花冠白色、淡黄色或带浅红色，外面被短柔毛；果实（d）具硬毛，冠以4枚宿存而略增大的萼裂片；早春开花，8—9月结果。

六道木因其树干有六道纵纹（a），故而得名。又称降龙木，木质坚韧，木面光滑。据《五台山记事》中记载：文殊菩萨从印度归来时所带的拐杖，长有六条纹路，授名"六度木"，以此度化六道众生，六道纵纹代表六字真言，现俗称"六道木"。

科 忍冬科
Caprifoliaceae
属 六道木属
Zabelia
分布区域
松风萝月北。最佳观赏期为4—5月。

単叶

木槿

Hibiscus syriacus

科 锦葵科
Malvaceae
属 **木槿属**
Hibiscus
◎ 分布区域
九州清晏、得胜概
西山坡等地。最佳
观赏期为6月。

落叶灌木（a）；叶（b）菱形至三角状卵形，边缘具不整齐齿缺；花钟形，淡紫色（c、d），单生于枝端叶腋间，被星状短绒毛；蒴果（e）卵圆形，密被黄色星状绒毛，种子（f）肾形，背部被黄白色长柔毛；花期7—10月。

木槿单花的花期只有一天，故称为"朝开暮落花"，但其花开不断，总花期甚长，因此韩国人称其为"无穷花"，并奉作国花（韩文中"木槿"与"无穷"发音相同）。木槿的品种较多，花色丰富，其花瓣也有单瓣和重瓣之分，是北京地区常见的夏花类落叶灌木，观赏价值较高。

单叶

紫荆
Cercis chinensis

丛生或单生灌木（a）；树皮和小枝灰白色；叶（b）纸质，近圆形或三角状圆形，先端急尖；花（c、d）紫红色或粉红色，2~10余朵成束，簇生于老枝和主干上，尤以主干上花束较多，越到上部幼嫩枝条则花越少，通常先于叶开放；荚果（e）扁狭长形，先端急尖或短渐尖，基部长渐尖，两侧缝线对称或近对称，种子2~6粒，阔长圆形，黑褐色，光亮；花期3—4月，果期8—10月。

紫荆开花非常有特点，花多簇生于老枝和主干，上部幼嫩枝条则花少。野生种多为落叶乔木，栽培种多呈灌木状。紫荆皮可入药，具有活血通经、消肿止痛的功效。

科 豆科
Fabaceae
属 紫荆属
Cercis
分布区域
狮子林以西、澹泊宁静以南等地。最佳观赏期为4月。

单叶

紫珠
Callicarpa bodinieri

灌木（a）；小枝、叶柄和花序均被粗糠状星状毛；叶卵状长椭圆形至椭圆形（b）；聚伞花序（c）；果实球形（d），熟时紫色，无毛；花期6—7月，果期8—11月。

紫珠是北京市优良的观花、观果灌木。由密集的粉色花冠、紫色花丝和黄色花药组成的聚伞花序，9月便能结出具有金属光泽的紫色果实，具有较高的观赏价值。多数紫珠属植物的茎、叶、果等部位均可入药，具有较高的药用价值。

科 马鞭草科
Verbenaceae
属 紫珠属
Callicarpa
分布区域
福海南岸。最佳观赏期为6月的花期和9月的果期。

单叶

紫叶小檗

Berberis thunbergii 'Atropurpurea'

落叶灌木（a）；叶菱状卵形，紫红色（b）；花2~5朵组成具总梗的伞形花序，花被黄色（a、c、d）；浆果（e）红色，稍具光泽，含种子1~2粒；花期4—6月，果期7—10月。

紫叶小檗是北京地区常见的彩叶类观赏灌木。小檗属植物的雄蕊对外界刺激较为敏感，触碰后会向花柱靠拢，有利于花粉落到传粉昆虫头上。

科 小檗科

Berberidaceae

属 小檗属

Berberis

分布区域

得胜概西岸、曲院风荷东等地。最佳观赏期为4月。

单叶

黄杨
Buxus sinica

灌木，枝圆柱形（a）；叶革质，阔椭圆形、阔倒卵形、卵状椭圆形或长圆形，先端圆或钝，常有小凹口（b）；雌雄同株，花序顶端生雌花，周围为雄花（b）；蒴果近球形，宿存花柱长2~3毫米（c），种子亮黑色（d）；花期3月，果期5—6月。

科 黄杨科
Buxaceae
属 黄杨属
Buxus
📍**分布区域**
别有洞天、银杏大道等地。

　　黄杨是北京地区园林绿化上应用较为广泛的常绿树种之一，树姿优美，叶厚而有光泽，耐修剪，可做各种景观造型，甚是美观。黄杨生长速度缓慢，有"千年黄杨长一寸"的说法，故又称"千年矮"。

单叶

一叶萩

Flueggea suffruticosa

灌木，多分枝（a）；小枝浅绿色，近圆柱形，有棱槽（d）；叶片纸质，椭圆形或长椭圆形（a）；花黄绿色（b）；蒴果三棱状扁球形（c、e），成熟时淡红褐色，有网纹，基部常有宿存的萼片，种子褐色而有小疣状凸起；花期3—8月，果期6—11月。

一叶萩枝叶繁茂，花果密集，叶入秋后变红，具有较好的观赏性。该种的枝叶和根可以入药，具有祛风活血、益肾强筋的功效。

科 **叶下珠科**
Phyllanthaceae
属 **白饭树属**
Flueggea
◉ **分布区域**
园区内分布较少，在夹镜鸣琴有两棵大灌木，别有洞天山坡上多为小苗。最佳观赏期为3—11月。

单叶

雀儿舌头
Leptopus chinensis

直立灌木（a）；茎上部和小枝条具棱；叶片膜质至薄纸质，卵形、近圆形、椭圆形或披针形，顶端钝或急尖，基部圆或宽楔形（c）；花白色，雌（d）雄（b）同株；蒴果圆球形或扁球形，基部有宿存的萼片（e）；花期2—8月，果期6—10月。

雀儿舌头因其叶片形似雀舌而得名。该种叶色翠绿、叶形美观，花小巧精致，具有较高的观赏价值。本种叶有毒，可做杀虫药。

🔖科 **叶下珠科**
Phyllanthaceae
🔖属 **雀舌木属**
Leptopus
📍 **分布区域**
廊然大公、正觉寺以西等地，园区内分布较多，在廊然大公北已形成一个大群落；一般生于山坡、林缘或灌丛。雀儿舌头在北京山区较为常见。最佳观赏期为5—10月。

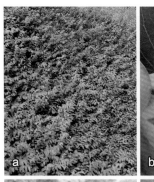

单叶

薄皮木
Leptodermis oblonga

灌木（a）；小枝纤细，灰色至淡褐色，被微柔毛，常片状剥落（b）；叶纸质，披针形或长圆形，有时椭圆形或近卵形（b）；花冠淡紫红色，漏斗状（c）；蒴果（d），种子有网状、与种皮分离的假种皮；花期6—8月，果期10月。

薄皮木在京郊低山地带较为常见。与连翘、迎春等类似，该种亦包括长柱花（花柱伸出雄蕊群）和短柱花（花柱藏于雄蕊群中）两种。

科 **茜草科**
Rubiaceae
属 **野丁香属**
Leptodermis
◎ **分布区域**
正觉寺西，一般生于岩石缝隙、灌丛，阴坡较为常见。最佳观赏期为9月。

单叶

枸杞

Lycium chinense

多分枝灌木（a）；枝条细弱，弓状弯曲或俯垂，棘刺长0.5~2厘米，生叶和花的棘刺较长，小枝顶端锐尖成棘刺状（b）；叶纸质或栽培者质稍厚，单叶互生或2~4枚簇生（b）；花冠漏斗状，淡紫色（d）；浆果红色，卵状（c），种子扁肾脏形，黄色；花果期5—11月。

枸杞之名是综合两种植物的形态特征而取，李时珍认为"此物棘如枸之刺，茎如杞之条，故兼名之。"枸即枸橘，有棘刺；杞即红皮柳。该种与宁夏枸杞形态特征较为相似，两者主要区别在于：前者花萼3中裂或4~5齿裂（e），后者花萼通常2中裂；前者叶宽，后者叶狭长。中医以宁夏枸杞为枸杞之上品。

科 茄科
Solanaceae
属 枸杞属
Lycium
分布区域
全园均有分布，一般生于路边、山坡或草地。

単叶

胡桃
Juglans regia

乔木，树皮幼时灰绿色，老时则灰白色而纵向浅裂；奇数羽状复叶（a），叶柄及叶轴幼时被极短腺毛及腺体（b），小叶通常5~9枚；雌雄同株，雄性柔荑花序（c），雌性穗状花序（d）；果实近球状（a），无毛，果核稍具皱曲；花期4—5月，果期8—9月。

胡桃从名字上即可看出该种是通过丝绸之路从西域传过来的。果实为坚果，肉质的外果皮是由总苞及萼筒发育而成。该种的俗名为核桃，有些地方将其柔荑花序腌制后当蔬菜食用。种仁含油量高，可生食，也可榨油食用，市场上常见的是已除去外果皮的核桃。

科 胡桃科
Juglandaceae
属 胡桃属
Juglans
◉ 分布区域
全园均有分布，以三园交界、福海东河道居多。最佳观赏期为5月和8月。

复叶

白蜡树

Fraxinus chinensis

落叶乔木（a）；羽状复叶（c、d），小叶5~7枚，硬纸质，卵形、倒卵状长圆形至披针形，叶缘具整齐锯齿；圆锥花序（b）顶生或腋生枝梢，花雌雄异株；翅果匙形（b、e）；花期4—5月，果期7—9月。

园区内有两种"白蜡家族"成员，均属于木樨科梣属，一种是白蜡树，另一种是美国红梣（俗称洋白蜡），园区内白蜡树数量少，多数为洋白蜡。白蜡树株形优美，长势健壮，景观效果极佳。二者的主要识别要点为：先长出叶芽再开花的是白蜡树（也就是叶芽和花芽属于同一个芽），花芽和叶芽分开的是美国红梣。

科	木樨科
	Oleaceae
属	梣属
	Fraxinus

📍 **分布区域**

滴远等地。最佳观赏期为10月。

复叶

美国红梣

Fraxinus pennsylvanica

落叶乔木，树皮灰褐色（a）；羽状复叶（b），小叶7~9枚，秋季变黄；圆锥花序生于去年生枝上，雄花（c）与两性花（b）异株，与叶同时开放；翅果（d）狭倒披针形；花期4月，果期8—10月。

美国红梣俗名洋白蜡，原产于美国，我国引种已久，分布遍及全国各地，多用于庭院美化和行道树。因该种易于养护，而成为北京市应用较广的行道树之一。该种在园区内分布数量多，抗性强，管理粗放，适合在园区内种植。株形优美，枝条柔软下垂，在北京地区秋季叶色最先变黄，具有较高的观赏价值。

🔬**木樨科**

Oleaceae

🔬**梣属**

Fraxinus

📍**分布区域**

全园均有分布。最佳观赏期为10月。

复叶

刺槐

Robinia pseudoacacia

落叶乔木；树皮（c）灰褐色至黑褐色，浅裂至深纵裂；羽状复叶（a），小叶2~12对，常对生，椭圆形、长椭圆形或卵形；总状花序（d）腋生，下垂，花多数，芳香；荚果（b）褐色，或具红褐色斑纹，线状长圆形，扁平，有种子（e）2~15粒，种子褐色至黑褐色，微具光泽，有时具斑纹，近肾形；花期4—6月，果期8—9月。

刺槐花的蜂蜜是我国"四大名蜜"之一。刺槐和槐形态特征相近，容易混淆，主要识别要点如下：槐树皮裂得细致，刺槐树皮裂得粗犷；槐无刺，刺槐有刺；槐夏天开花，刺槐春天开花；槐果实为念珠状荚果，刺槐果实为扁平状荚果。

科 **豆科**
Fabaceae
属 **刺槐属**
Robinia
◎ **分布区域**
全园均有分布。刺槐原产于北美东部，1877年引入中国，并被广泛种植。

复叶

槐

Styphnolobium japonicum

乔木；树皮（a）灰褐色，具纵裂纹；羽状复叶（b），小叶4~7对，对生或近互生，纸质，卵状披针形或卵状长圆形，先端渐尖；圆锥花序（d、e）顶生；荚果（c）串珠状，具种子1~6粒，种子卵球形，淡黄绿色，干后黑褐色；花期7—8月，果期8—10月。

　　槐俗名国槐，在中国传统民俗文化中占有重要的地位，如"南柯一梦"源于槐，明崇祯帝在景山上吊的那棵歪脖子树也是槐，槐还和宰相有关，故诞生了槐门、槐庭等词。槐是北京灿烂文化的一部分，1987年当选为北京市树之一。

科	豆科
	Fabaceae
属	**槐属**
	Styphnolobium
分布区域	
	全园均有分布。最佳观赏期为7—10月。

复叶

合欢

Albizia julibrissin

落叶乔木（a）；二回羽状复叶，羽片 4~12 对，线形至长圆形，向上偏斜（c）；头状花序于枝顶排成圆锥花序，花粉红色（b）；荚果带状（d），嫩荚有柔毛，老荚无毛；花期6—7月，果期8—10月。

合欢因其羽状复叶的小叶具昼开夜合的特点，因而又名"夜合"。花序头状，具雄蕊多数，花丝粉红色，细长如绒缨，故又称为"绒花树""马缨花"。

科 豆科
Fabaceae
属 合欢属
Albizia
📍 分布区域
濂溪乐处、敷春堂南等地。最佳观赏期为6月中旬。

复叶

臭椿

Ailanthus altissima

落叶乔木；树皮平滑而有直纹（e）；叶为奇数羽状复叶（a），小叶对生或近对生，纸质，卵状披针形，叶正面深绿色，背面灰绿色，揉碎后具臭味；花序圆锥状（b），花淡绿色（c）；翅果长椭圆形（d），种子位于翅中间，扁圆形；花期4—5月，果期7—10月。

臭椿为北京市常见园林绿化树种，繁殖能力强，故在大树附近常看到臭椿的小苗。因叶揉碎后有臭味而得名。树皮、根皮和果实均可入药，有清热利湿的功效。

科 苦木科
Simaroubaceae
属 臭椿属
Ailanthus
分布区域
会心桥北、福海西岸等地。最佳观赏期为5月的花期和7月的果期。

复叶

香椿
Toona sinensis

乔木；树皮粗糙，深褐色，片状脱落（d）；偶数羽状复叶（a），小叶 16~20，对生或互生，卵状披针形或卵状长椭圆形；花白色（b、e）；蒴果狭椭圆形（c），深褐色，有小而苍白色的皮孔，果瓣薄；花期 6—8 月，果期 10—12 月。

香椿的幼芽和嫩叶是著名的野蔬。香椿与臭椿形态特征相近，易于混淆，二者主要的识别要点如下：首先是叶形，前者为偶数羽状复叶，后者为奇数羽状复叶且有腺体；其次是树皮，前者呈片状剥落，后者光滑不裂；再者为果实，前者为蒴果，后者为翅果。

科 **楝科**
Meliaceae
属 **香椿属**
Toona
◉ **分布区域**
敷春堂、会心桥北等地。最佳观赏期为 6 月。

复叶

七叶树

Aesculus chinensis

落叶乔木；树皮深褐色或灰褐色（a）；掌状复叶由5~7小叶组成，小叶纸质，长圆披针形至长圆倒披针形，边缘有钝尖形的细锯齿（b）；花序圆筒形（c），花杂性，雄花（d）与两性花（e）同株，花瓣4，白色；果实（f）球形或倒卵圆形，黄褐色，无刺，具很密的斑点，种子（g）近于球形，栗褐色；花期4—5月，果期10月。

科 无患子科
Sapindaceae
属 七叶树属
Aesculus
📍 分布区域
舍卫城西南、慈云普护等地。最佳观赏期为5月。

七叶树的每片复叶，由7小叶组成（偶由5、6小叶组成），故而得名。有人称其为"佛门圣树"，许多古刹名寺都有种植，例如北京的潭柘寺就分布有几株距今600多年的古树。七叶树的种子富含淀粉，但亦含有七叶树皂苷等有毒物质，不可直接食用。

复叶

栾

Koelreuteria paniculata

落叶乔木或灌木；树皮厚，灰褐色至灰黑色，老时纵裂；小枝具疣点，与叶轴、叶柄均被皱曲的短柔毛或无毛；叶丛生于当年生枝上，平展，一回、不完全二回或偶二回羽状复叶，叶纸质，卵形、阔卵形至卵状披针形（c）；聚伞圆锥花序（b、d）；蒴果圆锥形，具3棱（a），种子近球形（e）；花期6—8月，果期9—10月。

栾是北京地区应用较为广泛的观赏类乔木。春天嫩叶紫红色，夏秋花序金黄色，还有似灯笼一样的果实，甚是美观。

科 **无患子科**

Sapindaceae

属 **栾属**

Koelreuteria

分布区域

全园均有分布，以翠鸟桥东南、玉玲珑馆北、长春仙馆西为佳。最佳观赏期为6—10月。

复叶

文冠果

Xanthoceras sorbifolium

小乔木；小叶（d）4~8对，膜质或纸质，披针形或近卵形；花序（c）先叶抽出或与叶同时抽出，两性花（b）的花序顶生，雄花（a）序腋生，花瓣白色，基部紫红色或黄色，有清晰的脉纹；蒴果（e）长达6厘米，种子长达1.8厘米，黑色而有光泽；花期4月，果期秋初。

文冠果是我国特有的珍贵观赏和木本油料树种，被誉为"东方橄榄油"。文冠果的别名是文官果，因其当时文官的帽子与文冠果的三裂木质蒴果相似，故名文官果。

科 无患子科
Sapindaceae
属 文冠果属
Xanthoceras
分布区域
玉玲珑馆北山坡，是北京市最大的一片文冠果林。最佳观赏期为4月。

复叶

棣棠花
Kerria japonica

落叶灌木；小枝绿色，常拱垂（a）；叶互生，三角状卵形或卵圆形，顶端长渐尖，基部圆形、截形或微心形，边缘有尖锐重锯齿（b）；单花着生在当年生侧枝顶端，花梗无毛，花瓣黄色（c、d）；瘦果倒卵形至半球形，褐色或黑褐色，表面无毛，有皱褶；花期4—6月，果期6—8月。

棣棠花有单瓣和重瓣之分，因其叶子像榆树叶，故有些地方称之为黄榆叶梅。

🔵科 蔷薇科
Rosaceae
🔵属 棣棠花属
Kerria
📍分布区域
敷春堂、神农坛等。最佳观赏期为4月。

复叶

珍珠梅
Sorbaria sorbifolia

灌木；羽状复叶，小叶片11~17枚，小叶片对生，披针形至卵状披针形，边缘有尖锐重锯齿（a），初春刚萌发的幼叶呈鲜红色（b）；顶生大型密集圆锥花序（c），总花梗和花梗被星状毛或短柔毛；蓇葖果长圆形，有顶生弯曲花柱（d）；花期5—8月，果期9月。

珍珠梅因其花似梅花，而花蕾似珍珠而得名。其"之"字形的枝条常被选作插花素材。

科 蔷薇科
Rosaceae
属 珍珠梅属
Sorbaria
分布区域
蘋香榭、茜园等地。最佳观赏期为5—6月。

复叶

黄刺玫

Rosa xanthina

直立灌木（a）；枝粗壮，有散生皮刺，无针刺；小叶7~13，小叶片宽卵形或近圆形（b）；花单生于叶腋，有单瓣（d）和重瓣（c）之分，黄色；果近球形或倒卵圆形，紫褐色或黑褐色，无毛，有宿存的花萼（e）；花期4—6月，果期7—8月。

黄刺玫是蔷薇属中为数不多的黄花种类，花有单瓣、半重瓣和重瓣之分。该种是北京地区常见的观赏灌木，早春繁花满枝，秋冬红果累累，具有较高的观赏价值。其与同属植物樱草蔷薇形态特征较为相似，典型区别在于樱草蔷薇叶有臭味，花偏白色；黄刺玫叶无特殊气味，花黄色。

科 蔷薇科
Rosaceae
属 蔷薇属
Rosa
分布区域
得胜概东岸、武陵春色北山坡等地。最佳观赏期为4月。

复叶

月季花
Rosa chinensis

直立灌木；小枝粗壮，有短粗的钩状皮刺；小叶3~5，叶片宽卵形至卵状长圆形，边缘有锐锯齿，两面近无毛（a）；花几朵集生，稀单生，萼片卵形，先端尾状渐尖，花瓣重瓣至半重瓣（b、c、d）；果卵球形或梨形，红色，萼片脱落（e）；花果期4—11月。

月季花因花期长，每月开花不断而得名。月季花是中国的传统名花，栽培历史悠久，到目前为止已经培育出许多优良的品种，全世界有两万多个品种。目前花卉市场出售的玫瑰，实际上是月季花的杂交种。

科 蔷薇科
Rosaceae
属 蔷薇属
Rosa
分布区域
全园均有分布，一般植于林缘、石边、路边等。最佳观赏期为4—11月。

复叶

牡丹

Paeonia ×suffruticosa

落叶灌木；叶（b）通常为二回三出复叶；花萼5，绿色，花瓣5，雄蕊多数（c）或为重瓣（a），通常变异很大；蓇葖果（d）长圆形，密生黄褐色硬毛；花期4—5月，果期6月。

镂月开云是圆明园四十景之一，位于后湖东南角，是一处以欣赏牡丹为主的园中园。建于康熙末年，初名"牡丹台"，乾隆时改名为"镂月开云"。因三位"康乾盛世"的缔造者齐聚牡丹台的故事传为佳话，赋予了此园独特的政治文化内涵。园区内牡丹品种丰富，有豆绿、姚黄等名贵品种，还保留有数株百年牡丹。

科 芍药科
Paeoniaceae
属 芍药属
Paeonia
分布区域
镂月开云、含经堂、藻园等地。最佳观赏期为5月。

复叶

荆条

Vitex negundo var. *heterophylla*

灌木状；小枝密被灰白色绒毛；掌状复叶（a），小叶（3）5，小叶边缘有缺刻状锯齿，背面密被灰白色绒毛；聚伞圆锥花序（b），花序梗密被灰色绒毛，花萼钟状，具5齿，花冠淡紫色，被绒毛，5裂，二唇形（c）；核果近球形（d）；花期4—5月，果期6—10月。

科 唇形科
Lamiaceae
属 牡荆属
Vitex
◎ 分布区域
全园均有分布。最佳观赏期为6月。

荆条与酸枣是北京低山区较为常见的两种灌木，二者合称"荆棘"，也就是成语"披荆斩棘"的荆和棘。"负荆请罪"的荆指的就是荆条。荆条花呈蓝紫色，较为美观。同时它还是很好的蜜源植物，荆条蜜与槐花蜜、枣花蜜、荔枝蜜合称"四大名蜜"。

复叶

红花锦鸡儿

Caragana rosea

灌木（a）；叶假掌状，小叶4，楔状倒卵形，先端圆钝或微凹，具刺尖（b）；花冠黄色，常紫红色或全部淡红色，凋时变为红色，旗瓣长圆状倒卵形，翼瓣长圆状线形，龙骨瓣的瓣柄与瓣片近等长（c、d、e）；荚果圆筒形（f）；花期4—6月，果期6—7月。

红花锦鸡儿花冠蝶形，黄中带红，形似金雀。花、叶、枝可供观赏，在园林应用中可丛植于草地或配植于坡地、山石旁，景观效果极佳。园区内多为野生，国家植物园乔灌草结合的景观绿地中有孤植的红花锦鸡儿灌木丛，尤为美观。

科	豆科
	Fabaceae
属	锦鸡儿属
	Caragana
分布区域

正觉寺西北、后湖西岸等地，一般生于山坡、岩石缝隙。最佳观赏期为4—5月。

复叶

多花胡枝子

Lespedeza floribunda

小灌木（a）；茎常近基部分枝；枝条果期变红，具条棱（e）；羽状复叶具3小叶，小叶具柄，倒卵形（b）；花紫红色（c）；荚果宽卵形（d）；花期5—10月，果期9—10月。

作为园区内为数不多的几种秋花型，多花胡枝子枝形优美，花色艳丽，具有较好的观赏性。同时它还是一种水土保持植物，根部有根瘤菌，可增加土壤的含氮量。全草入药称为"铁鞭草"，可治疗疟疾。

科 豆科

Fabaceae

属 胡枝子属

Lespedeza

◎ 分布区域

福海南岸、坦坦荡荡北山坡、后湖西山坡等地，一般生于山坡、草地、岩石缝隙。最佳观赏期为10月。

复叶

长叶胡枝子

Lespedeza caraganae

灌木（a）；茎直立，多棱，沿棱被短伏毛，分枝斜升（b）；羽状复叶具3小叶，小叶长圆状线形，先端钝或微凹，具小刺尖，基部狭楔形，边缘稍内卷（c）；总状花序腋生，花冠显著超出花萼，白色或黄色（d）；荚果倒卵状圆形，先端具短喙；花期6—9月，果期10月。

因民间常用其做扫帚，故又名"长叶铁扫帚"。该种枝条纤细修长，花多而密集，具有较好的观赏性。全草可入药，具有平肝明目、祛风利湿、散瘀消肿的功效。

🔖科 **豆科**

Fabaceae

🔖属 **胡枝子属**

Lespedeza

📍**分布区域**

正觉寺西，园区内分布较少，一般生于山坡及岩石缝隙。北京山区较为常见。最佳观赏期为8月。

复叶

兴安胡枝子

Lespedeza davurica

灌木；茎通常稍斜升，单一或数个簇生，幼枝绿褐色，有细棱，被白色短柔毛（a、b）；羽状复叶具3小叶，小叶长圆形或狭长圆形，先端圆形或微凹，有小刺尖，顶生小叶较大（b）；总状花序腋生（c），花冠白色或黄白色（d）；荚果小，倒卵形或长倒卵形（e）；花期7—8月，果期9—10月。

兴安胡枝子除正常花外，还有花冠退化，通过自花传粉结实的闭锁花。兴安胡枝子具有抗性强、适应性广的特点，可在多种生境中生长，是比较优良的乡土地被植物。

科 豆科
Fabaceae
属 胡枝子属
Lespedeza
分布区域
上下天光北、曲院风荷北、天然图画东、别有洞天等地，园区内分布较为广泛，一般生于草地、山坡。最佳观赏期为6—8月。

复叶

尖叶铁扫帚
Lespedeza juncea

小灌木（a）；全株被伏毛，分枝或上部分枝呈扫帚状（d）；羽状复叶具3小叶，小叶倒披针形、线状长圆形或狭长圆形（b）；总状花序腋生（c、f），花冠白色或淡黄色（c、e）；荚果宽卵形，两面被白色伏毛，稍超出宿存萼；花期7—9月，果期9—10月。

尖叶铁扫帚因叶尖、株形似扫帚苗而得名。该种株形简洁修长、叶色翠绿、小花清新淡雅，具有一定的观赏价值。

科 **豆科**
Fabaceae
属 **胡枝子属**
Lespedeza
📍 **分布区域**
澹泊宁静、映水兰香等，一般生于草地、路边或山坡，园区内已形成数个小群落。最佳观赏期为7月。

复叶

藤本植物

紫藤
Wisteria sinensis

落叶藤本；奇数羽状复叶，小叶3~6对，卵状椭圆形至卵状披针形（c）；总状花序（a）发自去年短枝的腋芽或顶芽，蝶形花冠（d）紫色；荚果（b）倒披针形，密被绒毛，有种子1~3粒，种子褐色，具光泽，圆形（e）；花期4月中旬至5月上旬，果期5—8月。

紫藤原产于中国，是著名的棚架美化植物。盛花期花多色艳，具有较好的观赏性。紫藤的花可以食用，但其荚果却有剧毒，慎勿入口。

科 豆科
Fabaceae
属 紫藤属
Wisteria
分布区域
玉兰堂、九州清晏等地。最佳观赏期为4月中下旬。

厚萼凌霄
Campsis radicans

攀缘藤本（a）；茎木质，表皮脱落，枯褐色，以气生根攀附于他物之上；叶（c）对生，为奇数羽状复叶，小叶9~11枚，卵形至卵状披针形，边缘有粗锯齿（d）；花萼（b）钟状，5浅裂到萼筒的三分之一处，花冠筒细长，漏斗状，橙红色至鲜红色，筒部为花萼长的3倍（b）；蒴果长圆柱形；花期5—9月。

科 紫葳科
Bignoniaceae
属 凌霄属
Campsis
📍 分布区域
福海北、敷春堂等地。最佳观赏期为8—9月。

李时珍云："附木而上，高数丈，故曰凌霄。"凌霄属植物全世界仅两种，一种是原产于北美的厚萼凌霄，又叫美国凌霄，另一种是原产于中国和日本的凌霄，二者杂交形成杂种凌霄，目前国内常见栽培的为厚萼凌霄和杂种凌霄，凌霄已经极少见到。

芹叶铁线莲
Clematis aethusifolia

多年生草质藤本（a）；茎纤细，有纵沟纹，微被柔毛或无毛；二至三回羽状复叶或羽状细裂，末回裂片线形（b）；聚伞花序腋生（a），花冠淡黄色（c、d）；瘦果扁平，宽卵形或圆形，成熟后棕红色，密被白色柔毛（e）；花期8—9月，果期10月。

芹叶铁线莲因其叶片与芹菜叶较为相似而得名。该种叶色翠绿，花色淡雅，具有较高的观赏价值，在园林绿化中应用广泛。全草可入药，具有健胃、除疮、排脓等功效。

🔬 **科** 毛茛科
Ranunculaceae
🔬 **属** 铁线莲属
Clematis
📍 **分布区域**
山高水长，一般生于草地、灌丛、山坡，园区内分布较少，目前仅发现一处，隐藏于杂草丛中。最佳观赏期为9月。

短尾铁线莲
Clematis brevicaudata

藤本（a）；一至二回羽状复叶或二回三出复叶，小叶5~15，长卵形、卵形至宽卵状披针形或披针形（b）；圆锥状聚伞花序腋生或顶生（c），花冠白色（e、f）；瘦果卵形（d、g）；花期7—9月，果期9—10月。

短尾铁线莲在园区内已形成数个大的群落，个体数量多。因喜欢攀附于灌木上并形成棚架，有的地方也称其为"架子菜"。该种广泛应用于园林造景，景观效果较好。其幼嫩茎叶还可作野菜食用。

科 毛茛科
Ranunculaceae
属 铁线莲属
Clematis
分布区域
狮子林、福海西及别有洞天等地，一般生于山坡、灌丛。最佳观赏期为8—10月。

乌头叶蛇葡萄
Ampelopsis aconitifolia

木质藤本（a）；小枝圆柱形，有纵棱纹，被疏柔毛（b），髓白色（c）；卷须2~3叉分枝；叶为掌状5小叶，小叶3~5羽裂，披针形或菱状披针形（d）；伞房状复二歧聚伞花序通常与叶对生或假顶生（e）；果实近球形（e、f），有种子2~3粒，种子倒卵圆形；花期5—6月，果期7—10月。

乌头叶蛇葡萄因叶形与乌头叶类似而得名。绿叶、黄花、红果相得益彰，具有较好的景观效果，同时该种还是一种攀爬效果极好的藤蔓植物。

科 葡萄科
Vitaceae
属 蛇葡萄属
Ampelopsis
📍 分布区域
园区内分布较为广泛，主要集中在凤麟洲、后湖西岸、如园南岸等地，常生于山坡林缘。最佳观赏期为6—7月。

掌裂草葡萄

Ampelopsis aconitifolia var. *palmiloba*

木质藤本；小枝圆柱形，具纵脊，卷须2或3叉（a、b）；掌状复叶，小叶3~5，大多不分裂，边缘具有不规则的粗锯齿（b）；花小，黄绿色，花瓣5（c）；浆果（d）球形，种子2或3粒；花期5—8月，果期7—9月。

掌裂草葡萄叶色翠绿，茎蔓鲜红，小花黄绿色，花形小巧精致，成熟浆果橙红色，观赏期长，景观效果好。根皮可入药，具散瘀消肿、接骨止痛的功效。

🏷️ **科** 葡萄科

Vitaceae

🏷️ **属** 蛇葡萄属

Ampelopsis

📍 **分布区域**

狮子林北、玉玲珑馆西等地，一般生于山坡或路边，多攀爬在护坡石上。最佳观赏期为6—7月。

葎叶蛇葡萄

Ampelopsis humulifolia

木质藤本；小枝圆柱形，有纵棱纹，卷须2叉分枝；单叶3~5浅裂或中裂，稀混生不裂者，心状五角形或肾状五角形，顶端渐尖，基部心形，边缘有粗锯齿（a）；多歧聚伞花序（c、d）与叶对生；果实近球形（b），种子倒卵圆形；花期5—7月，果期5—9月。

葎叶蛇葡萄果实尤为漂亮，存在白色、粉色、黄色、蓝色、紫色等各种颜色过渡，表面还散布着褐色的斑点，景观效果极佳。其根皮可入药，具消炎解毒、活血散瘀、祛风除湿的功效。

（科）葡萄科

Vitaceae

（属）蛇葡萄属

Ampelopsis

（◯）分布区域

福海南岸、天然图画东等地，一般生于山坡、林缘、灌丛或水边。最佳观赏期为6月。

乌蔹莓

Causonis japonica

草质藤本（a）；卷须2~3叉分枝；鸟足状5小叶复叶，椭圆形至椭圆披针形，先端渐尖，基部楔形或宽圆，具疏锯齿，中央小叶显著狭长（b）；复二歧聚伞花序腋生（c、d、e）；果实近球形（f），种子三角状倒卵形；花期3—8月，果期8—11月。

乌蔹莓因茎叶与白蔹相似，而浆果成熟后变为乌黑色，故而得名。《诗经》记载"葛生蒙楚，蔹蔓于野"，其中蔹即指乌蔹莓。同时它因缠绕能力强而被称为"灌木杀手"。乌蔹莓的花、叶、果均具有较高的观赏性，可应用于园林造景，但须控制其生长以免影响其他植物。

（科）葡萄科
Vitaceae
（属）乌蔹莓属
Causonis
◎分布区域

正觉寺以西，一般生于山坡、路边或草地。最佳观赏期为8月。

地锦

Parthenocissus tricuspidata

科 葡萄科

Vitaceae

属 地锦属

Parthenocissus

分布区域

敷春堂院内、小有天园西北、银杏大道两侧等地。最佳观赏期为5—11月（花、果、叶皆具观赏价值）。

木质藤本（b），小枝圆柱形；卷须5~9分枝，顶端嫩时膨大呈圆珠形，后遇附着物扩大成吸盘（c）；倒卵圆形叶片通常着生在短枝上，呈3浅裂，边缘有粗锯齿，基出脉5（a）；花序着生在短枝上，基部分枝，形成多歧聚伞花序（d、e）；果实球形（f），有种子1~3粒，种子倒卵圆形；花期5—8月，果期9—11月。

地锦又名爬山虎，具有出色的攀爬能力，广泛应用于垂直绿化。园区内还分布有其近缘种五叶地锦，又名为美国地锦、美国爬山虎，叶为掌状五小叶。主要分布在银杏大道两侧，秋季叶转红色，颇为美观。

杠柳
Periploca sepium

落叶蔓性灌木（a）；具乳汁，除花外，全株无毛（c）；叶卵状长圆形，顶端渐尖，基部楔形，叶面深绿色，叶背淡绿色（b、c）；聚伞花序腋生，着花数朵，花冠紫红色（d、e）；蓇葖果2，圆柱形（f）；花期5—6月，果期7—9月。

因其果实形似羊角（f），故又名"木羊角"。杠柳叶色亮绿，花形精致，果形独特，具有较高的观赏价值。根皮、茎皮均可入药，能祛风湿、壮筋骨、强腰膝。

科 夹竹桃科
Apocynaceae
属 杠柳属
Periploca
分布区域
凤麟洲、狮子林等地，一般生于岩石缝隙、山坡、林下或灌丛。最佳观赏期为5月。

萝藦

Cynanchum rostellatum

多年生草质藤本（a），具乳汁；茎圆柱状，有纵条纹，幼时密被短柔毛，老时脱落；叶膜质，卵状心形（c）；总状式聚伞花序腋生或腋外生，具长总花梗（d、e）；蓇葖果叉生，纺锤形（b），种子扁平，顶端具白色绢质种毛；花期7—8月，果期9—12月。

萝藦是北京地区较为常见的一种藤本植物，在园区内数量较多。其种子顶端有绢毛，可借助于风力传播。因其体内含有白色的乳汁，又名"羊婆奶"。《诗经》"芄兰之支，童子佩觿"中的芄兰即指萝藦。

科 夹竹桃科
Apocynaceae
属 鹅绒藤属
Cynanchum
分布区域
全园均有分布，一般生于路边、草地、林下、灌丛。最佳观赏期为6—8月。

地梢瓜
Cynanchum thesioides

直立草本（a）；地下茎单轴横生，茎自基部多分枝；叶对生或近对生，线形，叶背中脉隆起（c）；伞形聚伞花序腋生，花冠绿白色，副花冠杯状（b）；蓇葖果纺锤形，先端渐尖，中部膨大（d、e）；花期5—8月，果期8—10月。

夹竹桃科的植物通常具副花冠，而且副花冠形态各异，具有较高的观赏价值。该种幼果可食，全草及果实可以入药，具有消炎止痛的功效。

科 夹竹桃科
Apocynaceae
属 鹅绒藤属
Cynanchum
分布区域
天然图画、仙人承露、后湖南岸、得胜概北岸、松风萝月北等地，园区内分布较多，一般生于草地、路边及山坡。最佳观赏期为5—10月。

雀瓢

Cynanchum thesioides var. *australe*

藤本（a）；地下茎单轴横生，茎自基部多分枝；叶对生或近对生，线形，叶背中脉隆起（a）；伞形聚伞花序腋生（c），花萼外面被柔毛，花冠绿白色（d）；蓇葖果（b）纺锤形，种子（e）扁平，暗褐色，种毛白色绢质；花期5—8月，果期8—10月。

雀瓢为地梢瓜的变种，与原种的主要区别在于该种茎柔弱，分枝较少，节间较长，茎端通常伸长而缠绕。

科 夹竹桃科
Apocynaceae
属 鹅绒藤属
Cynanchum
分布区域
曲院风荷南河道，一般生于山坡、草地或路边。最佳观赏期为8—9月。

鹅绒藤
Cynanchum chinense

缠绕草本（a）；全株被短柔毛；叶对生，薄纸质，宽三角状心形，顶端锐尖，基部心形，叶面深绿色，叶背苍白色，两面均被短柔毛（b）；伞形聚伞花序腋生（c），花冠白色（d）；蓇葖果圆柱状纺锤形（e）；花期6—8月，果期8—10月。

夹竹桃科的植物都富含乳汁，而这些乳汁通常是有毒的，但正确利用亦可入药。

科 夹竹桃科
Apocynaceae
属 鹅绒藤属
Cynanchum
分布区域
全园均有分布，一般生于水边、路边、山坡、林缘。最佳观赏期为6月。

白首乌

Cynanchum bungei

攀缘性半灌木；叶对生，戟形，顶端渐尖，基部心形，两面被粗硬毛（a）；伞形聚伞花序腋生（b）；花萼裂片披针形（c），花冠白色，副花冠5深裂，裂片呈披针形，内面中间有舌状片（d）；蓇葖果单生或双生，披针形（e），种子卵形，种毛白色绢质；花期6—7月，果期7—10月。

白首乌喜攀缘于其他植物上。叶大而翠绿，花色洁白，花形精致，具有较好的观赏性，可应用于栅栏、棚架等的美化。根可入药，具有补肝益肾、养血固精的功效。

科 夹竹桃科
Apocynaceae
属 鹅绒藤属
Cynanchum
⊙ 分布区域
后湖南岸，园区内分布较少，一般生于山坡、灌木丛或岩石缝，多攀爬在迎春的枝条上。最佳观赏期为6月。

北马兜铃
Aristolochia contorta

草质藤本（a）；叶纸质，卵状心形或三角状心形，两侧裂片圆形，下垂或扩展，全缘（c）；总状花序有花2~8朵或有时仅1朵生于叶腋，花被基部膨大呈球形，向上收狭呈一长管，绿色，外面无毛，内面具腺体状毛，管口扩大呈漏斗状（d、e）；蒴果宽倒卵形或椭圆状倒卵形，成熟时黄绿色，由基部向上6瓣开裂（b），种子三角状心形，灰褐色；花期5—7月，果期8—10月。

科 **马兜铃科**
Aristolochiaceae
属 **马兜铃属**
Aristolochia
分布区域
别有洞天东、思永斋东北等地，一般生于山坡或路边。最佳观赏期为6月。

因北马兜铃蒴果与马脖子上戴的铃铛较为相似，且该种多产于北方各省，故而得名。该种是丝带凤蝶的寄主植物。茎叶入药，称为"天仙藤"，有行气止血、止痛利尿的功效；果入药，称为"马兜铃"，有止咳平喘的功效。

打碗花

Calystegia hederacea

一年生草本（a），植株通常矮小，常自基部分枝；茎细，平卧，有细棱（a）；基部叶片长圆形（a），上部的叶片3裂（b）；单花腋生，花梗较叶柄长，具细棱，花冠淡紫色或淡红色，钟状（c、d）；蒴果卵球形（e）。花期5月。

打碗花适应性强，园区内分布数量较多。园林绿化中常视为杂草，事实上该花具有较好的观赏性，有一定的园林应用潜力。

科 旋花科 Convolvulaceae
属 打碗花属 *Calystegia*
◎ 分布区域
全园均有分布，尤以春泽斋南和后湖西岸居多，一般生于路边和草地。最佳观赏期为6—9月。

长叶藤长苗

Calystegia pellita subsp. *longifolia*

多年生缠绕草本（a），植株被柔毛（d），茎匍匐至稍攀缘；叶条形，基部圆形至微戟形，具柔毛（a），侧脉每边4~9条；苞片卵形，先端钝，具小短尖（c），花冠粉红色，漏斗状（e）；花期6—8月，果期8—9月。

长叶藤长苗是藤长苗的变种，两者区别在于：长叶藤长苗叶细长（a），而藤长苗叶较粗短（b）。园区内分布的为长叶藤长苗。

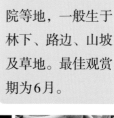

科 旋花科
Convolvulaceae
属 打碗花属
Calystegia
分布区域
映水兰香、碧桐书院等地，一般生于林下、路边、山坡及草地。最佳观赏期为6月。

田旋花
Convolvulus arvensis

多年生草本（a）；根状茎横走，茎平卧或缠绕，有条纹及棱角；叶卵状长圆形至披针形，先端钝或具小短尖头（b）；花序腋生，花白色或粉红色（a、d）；蒴果（e）卵状球形或圆锥形，种子卵圆形（g），熟时暗褐色或黑色；花期5—8月，果期6—9月。

田旋花和打碗花虽隶属于不同的属，但两者外观有一定的相似性。两者最直观的区别在于：田旋花的小苞片远离花萼（c），而打碗花的小苞片紧贴花萼（f）。田旋花花量大，花形紧凑，喜欢攀爬在草地或灌丛中，景观效果好。

科 旋花科
Convolvulaceae
属 旋花属
Convolvulus
⊙ 分布区域
全园均有分布，一般生于山坡、草地、路边及灌丛。最佳观赏期为4—5月。

南方菟丝子
Cuscuta australis

　　一年生寄生草本；茎缠绕，金黄色（a）；花序侧生，为紧密的聚伞状团伞花序，具少数至多数花，近无梗（b、c）；花冠白色或乳白色，杯状，裂片直立，卵形或长圆形，花柱2，柱头球形（b）；蒴果扁球形（d），种子卵形；花期7—9月，果期8—10月。

　　南方菟丝子在园区内分布较少，该种与菟丝子形态特征较为相似，两者主要区别在于：前者花萼裂片平，雄蕊生于花冠裂片弯曲处；后者花萼裂片背面有龙骨状突起，雄蕊生于花冠裂片弯曲处内侧。

科 旋花科
Convolvulaceae
属 菟丝子属
Cuscuta
分布区域
曲院风荷等地，一般生于路旁或草丛，多寄生于豆科、菊科等草本植物上。最佳观赏期为8月。

菟丝子
Cuscuta chinensis

一年生寄生草本；茎缠绕，黄色（a、c）；花序侧生，少花或多花簇生成小伞形或小团伞花序，花萼杯状，5裂，裂片背面有龙骨状突起，花冠白色，壶状，雄蕊5，花柱2（b、c）；蒴果球形（d）；花期7—9月，果期8—10月。

菟丝子是一种寄生植物，多寄生于豆科、菊科等草本植物上。叶退化，不能进行光合作用，主要依靠吸收寄主的水分和养分生存。《诗经》记载"爰采唐矣？沫之乡矣"中的"唐"指的就是菟丝子。该种是一种常用的中药材，可治腰膝酸软、脾肾虚泻等。

科 旋花科
Convolvulaceae
属 菟丝子属
Cuscuta
分布区域
曲院风荷、福海东北等地，一般生于路旁或草丛。最佳观赏期为8月。

牵牛

Ipomoea nil

一年生缠绕草本；茎上被倒向的短柔毛及杂有倒向或开展的长硬毛；叶宽卵形或近圆形，深或浅3裂，偶5裂，基部圆心形（a）；花腋生，单一或通常2朵着生于花序梗顶（b）；蒴果近球形，3瓣裂（c、d），种子卵状三棱形，黑褐色或米黄色，被褐色短绒毛（e）；花果期6—11月。

园区内分布有3种牵牛，即圆叶牵牛、裂叶牵牛和牵牛。圆叶牵牛叶为圆心形，花色受花青素含量以及酸碱度影响，丰富多变。牵牛和裂叶牵牛的叶通常3裂，花多为蓝紫色，现在的分类系统将牵牛和裂叶牵牛合并为一种。

科 旋花科

Convolvulaceae

属 虎掌藤属

Ipomoea

◎ 分布区域

全园均有分布，一般生于岩石旁、灌丛或林下等。最佳观赏期为8—9月。

茜草
Rubia cordifolia

草质攀缘藤本（a）；根状茎和节上须根均为红色；茎方柱形，具4棱，从根状茎的节上发出，中部以上多分枝（b）；叶通常4片轮生，披针形或长圆状披针形（b）；聚伞花序腋生和顶生，有花十余朵至数十朵，花冠淡黄色（d）；果球形，直径通常4~5毫米（c）；花期8—9月，果期10—11月。

茜草在园区内数量较多，经常缠绕在其他植株上，果期红果累累，甚是美观。根可提取红色染料。全草可入药，有凉血止血、活血化瘀的功效。

科 茜草科
Rubiaceae
属 茜草属
Rubia

分布区域

福海西岸、福海南河道、廓然大公等地，一般生于路边、山坡及草地。最佳观赏期为9—10月。

鸡屎藤

Paederia foetida

多年生草质藤本（a）；全株均被灰柔毛，揉碎后有恶臭；叶对生，有长柄，卵形或狭卵形全缘（b）；花多数集成聚伞状圆锥花序（c），花冠筒钟形，外面灰白色，具细茸毛，内面紫色，5裂（c、d）；果球形，淡黄色。花期8月，果期10月。

鸡屎藤又名鸡矢藤，因其茎叶揉碎有一股鸡屎味而得名。广东人将其叶加工成粉饼，称为"鸡屎藤饼"。全草及根可入药，具有行气活血、祛风除湿的功效。

科 茜草科

Rubiaceae

属 鸡屎藤属

Paederia

◉ 分布区域

别有洞天南，园区内分布较少，一般生于山坡或路边，多攀爬于护坡石上。最佳观赏期为8月。

盒子草

Actinostemma tenerum

柔弱草本（a）；叶形变异大，心状戟形、心状狭卵形或披针状三角形，不分裂或3~5裂或仅在基部分裂（c）；雄花总状（b、d），雌花单生（e）；果实绿色，卵形，自近中部盖裂，果盖锥形（f），具种子2~4粒，种子表面有不规则雕纹；花期7—9月，果期9—11月。

盒子草果实中间有一道裂缝，一捏就会露出里面纹路精致的种子，形似盒子，因而得名。该种常生长在芦苇丛中，具有较强的攀缘能力，纵横交织的藤蔓甚至能压倒芦苇，常在水边形成天然的"帐篷"，黑水鸡喜躲藏其中。

科 葫芦科
Cucurbitaceae
属 盒子草属
Actinostemma
◎ 分布区域
园区内分布较少，主要集中在得胜概北岸，多生于水边芦苇丛。最佳观赏期为9月。

栝楼

Trichosanthes kirilowii

科 葫芦科
Cucurbitaceae
属 栝楼属
Trichosanthes
分布区域
福海南岸、映水兰香、长春仙馆等地，一般生于山坡、草地、路边、林下或石壁。最佳观赏期为7月。

攀缘藤本；块根圆柱状，淡黄褐色；茎较粗，多分枝，具纵棱及槽，被白色伸展柔毛；叶片纸质，轮廓近圆形，常3~5（~7），浅裂至中裂，叶基心形（a）；花雌雄异株，花冠白色，顶端有流苏状分裂（b、c）；果实椭圆形或圆形，成熟时黄褐色或橙黄色（d），种子卵状椭圆形，淡黄褐色（e）；花期5—8月，果期8—10月。

栝楼属植物通常夜间盛开而白天凋萎。白色花冠顶端有流苏状的分裂，甚是美观。栝楼的块根入药，称"天花粉"；"天花"意指"雪花"，用以形容栝楼块根的提取物晶莹如雪；天花粉中所含的天花粉蛋白具有引产的作用。

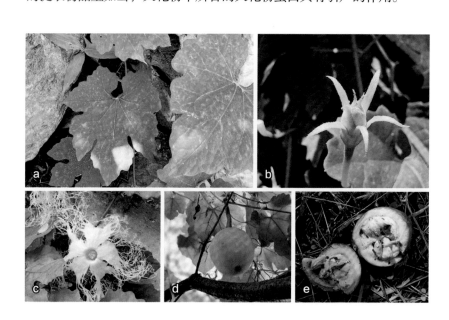

野大豆
Glycine soja

　　一年生缠绕草本（a）；茎、小枝纤细，全株疏被褐色长硬毛；叶具3小叶，托叶卵状披针形，急尖，被黄色柔毛（b）；总状花序，花冠淡红紫色或白色（c、d）；荚果长圆形（e），种子椭圆形，稍扁，褐色至黑色；花期7—8月，果期8—10月。

　　因其具有耐盐碱、抗寒、抗病虫害等优良性状，是改良大豆基因的种质资源，故被列为国家二级重点保护野生植物。野大豆和大豆形态特征较为相似，两者主要区别在于：野大豆是缠绕草本，而大豆是直立草本。

科 **豆科**
Fabaceae
属 **大豆属**
Glycine
分布区域
玉玲珑馆西岸、得胜概西北等地，园区内分布较多，一般生于水边、路边、草地或山坡。最佳观赏期为8月。

草本植物

白屈菜

Chelidonium majus

多年生草本（a）；茎聚伞状，多分枝（a）；叶片倒卵状长圆形或宽倒卵形，羽状全裂，全裂片2~4对，正面绿色（b），背面灰白（d）；花瓣倒卵形，全缘，黄色（e）；蒴果狭圆柱形（f），种子卵形，暗褐色；花果期4—9月。

名字里带"菜"的植物不一定都能食用，白屈菜即是如此，与大多数罂粟科植物一样，有剧毒。白屈菜的乳汁呈黄色（c），较为特殊，可作为识别特征。白屈菜多生长在水边驳岸石旁，花期时明黄一片，倒映水中，景观效果极佳。

科 **罂粟科**
Papaveraceae
属 **白屈菜属**
Chelidonium
📍**分布区域**
春泽斋南，一般生于水边、路边或林下。最佳观赏期为4—5月。

花黄色

秃疮花

Dicranostigma leptopodum

通常为多年生草本；植株有淡黄色液汁，被短柔毛；基生叶丛生，叶片狭倒披针形，羽状深裂，裂片4~6对，再次羽状深裂或浅裂（a）；花1~5朵于茎和分枝先端排列成聚伞花序，萼片卵形，先端渐尖成距，距末明显扩大成匙形，无毛或被短柔毛，花瓣倒卵形，黄色（c、d）；蒴果线形，绿色（b、e），种子红棕色，具网纹；花期3—5月，果期5—7月。

秃疮花叶形美观，花色明黄，具有较高的观赏价值。秃疮花全株可入药，具清热解毒、消肿止痛、杀虫等功效。农民常将其种植于田间地头，据说有招蜂引蝶、保墒增产的效果。

科 **罂粟科**
Papaveraceae
属 **秃疮花属**
Dicranostigma
分布区域
武陵春色、汇芳书院、坐石临流等地，一般生于山坡、路边。最佳观赏期为4月。

花黄色

播娘蒿
Descurainia sophia

一年生草本；茎直立，分枝多，常于下部成淡紫色（c）；叶为三回羽状深裂，末端裂片条形或长圆形（e）；花瓣黄色，长圆状倒卵形（a）；长角果圆筒状（f）；花期4—5月。

播娘蒿的叶片与菊科蒿属的部分植物叶片相似，故得"蒿"名。适合生长在大面积的草地上，景观效果非常好（d），生长后期茎叶会变为橙红色（b），颇为美观。播娘蒿种子含油量为40%，既可工业用，也可食用，同时还可药用，有利尿消肿、祛痰定喘的功效。

科 **十字花科**
Brassicaceae
属 **播娘蒿属**
Descurainia
分布区域
鸿慈永祐、汇芳书院、澹泊宁静、坐石临流等地，一般生于山坡、草地。最佳观赏期为4—5月。

花黄色

葶苈

Draba nemorosa

　　一年或二年生草本；茎直立（a）；基生叶莲座状，长倒卵形，顶端稍钝，边缘有疏细齿或近全缘，上面被单毛和叉状毛，下面以星状毛为多（b、c）；总状花序，花瓣黄色（d、e）；短角果长圆形或长椭圆形（f），种子椭圆形；花期3—4月上旬，果期5—6月。

　　葶苈属植物主要分布于北极及高山地区，植株通常矮小，较少引人注意。该种基生叶莲座状，花葶从叶丛中抽出，明黄的花序在早春的草地上异常显眼，具有较高的观赏价值。中药药材中的"葶苈子"并非葶苈的种子，而是独行菜或播娘蒿的种子。

🔬十字花科
Brassicaceae
属葶苈属
Draba
📍分布区域
九州清晏北，一般生于草地或山坡，园区内分布数量有增加的趋势，目前在九州清晏等处已形成小群落。最佳观赏期为4月。

花黄色

波齿糖芥

Erysimum macilentum

一年生草本（a）；茎直立，分枝，具2叉毛；茎生叶密生，叶片线形或线状狭披针形，顶端具钝尖头，边缘近全缘或具波状裂齿（b）；总状花序，顶生或腋生，萼片长椭圆形，花瓣深黄色，匙形，雄蕊6，花丝伸长，雌蕊线形，花柱短，柱头头状（c）；长角果圆柱形，果瓣具中脉（d）；花果期4—5月。

波齿糖芥因其叶片边缘有浅波状的齿且属于糖芥属而得名。该种在园区内的分布数量有增加趋势。

科 **十字花科**
Brassicaceae
属 **糖芥属**
Erysimum
📍 **分布区域**
鸿慈永祜、同乐园北、正觉寺西、澄心堂南等地，一般生于草地、路边或山坡。最佳观赏期为4月。

花黄色

沼生蔊菜

Rorippa palustris

一或二年生草本（a）；基生叶多数，具柄，叶片羽状深裂或大头羽裂，裂片3~7对，边缘不规则浅裂或呈深波状（c）；总状花序顶生或腋生，花小，多数，黄色或成淡黄色（b）；短角果椭圆形或近圆柱形（d）；花期4—7月，果期6—8月。

沼生蔊菜分布数量较多，随着环境和地区的不同，其叶形和果实大小变化较大。全草可以入药，具有清热解毒、利水消肿的功效。

科 十字花科
Brassicaceae
属 蔊菜属
Rorippa
分布区域
多稼如云、蓣香榭等地，一般生于水边及湿润处。最佳观赏期为4—8月。

花黄色

月见草
Oenothera biennis

二年生直立草本（a）；茎高达2米，被曲柔毛与伸展长毛，在茎枝上端常混生有腺毛；基生莲座叶紧贴地面（c）；穗状花序，不分枝（a），花瓣黄色（d、e）；蒴果锥状圆柱形，直立（b），种子在果中呈水平排列，暗褐色，棱形；花期6—7月。

月见草单花花期短，通常夜间开放，次日日出时即凋萎，故而得名。其蒴果与芝麻较为相似，又名"山芝麻"。月见草嫩叶可食用。全草可入药，印第安人使用其治疗外伤及皮肤炎等疾病。

科 柳叶菜科
Onagraceae
属 月见草属
Oenothera
◎ 分布区域
映水兰香、鸿慈永祜、山高水长，一般生于草地及路边。最佳观赏期为7月。

花黄色

费菜

Phedimus aizoon

多年生草本；茎高20~50厘米，有1~3条茎，直立，不分枝（a）；叶互生，狭披针形、椭圆状披针形至卵状倒披针形（a、c）；聚伞花序有多花，花黄色，花瓣长圆形至椭圆状披针形（b）；蓇葖果芒状排列（d），种子椭圆形；花期6—7月，果期8—10月。

费菜青翠肉质的叶片与鲜亮明黄的花朵，更加能衬托出遗址残石的历史沧桑。

科 景天科
Crassulaceae
属 费菜属
Phedimus
分布区域
杏花春馆、坦坦荡荡北山坡等地，一般生于山坡、草地、林缘和岩石缝隙。最佳观赏期为7月。

花黄色

茴茴蒜

Ranunculus chinensis

一年生草本（a）；茎直立粗壮，有纵条纹，分枝多，与叶柄均密生开展的淡黄色糙毛；基生叶与下部叶有长达12厘米的叶柄，三出复叶，叶片宽卵形至三角形（b）；花序有较多疏生的花，黄色或上面白色（c、d）；瘦果扁平，无毛（d）；花果期5—9月。

茴茴蒜及毛茛属其他多数种类的茎叶中含毛茛苷，分解后变为原白头翁素，具有强烈刺激性。茴茴蒜和石龙芮形态特征较为相似，二者主要区别在于：前者植株被糙毛，后者植株光滑。

科 **毛茛科**
Ranunculaceae
属 **毛茛属**
Ranunculus
分布区域

福海南河道、春泽斋等地，一般生于水边或湿润处。最佳观赏期为6月。

花黄色

石龙芮

Ranunculus sceleratus

一年生草本（a）；基生叶5~13，叶五角形、肾形或宽卵形，基部心形，三深裂，中裂片楔形或菱形（b）；聚伞花序具多数花，花小，萼片5，花瓣5，倒卵形（c），雄蕊10~19（d）；聚合果长圆形，瘦果多数（e）；花果期5—8月。

《诗经》中"周原膴膴，堇荼如饴"中的"堇"即指石龙芮。该种叶色翠绿、花色明黄，具有较高的观赏价值。全草含原白头翁素，有毒，药用能消结核，可治疗疟疾、蛇毒、疮毒等。

科 毛茛科
Ranunculaceae
属 毛茛属
Ranunculus
📍分布区域
思永斋北等地，一般生于水边和湿润处，园区内已形成一个较大的群落。石龙芮在全国各地均有分布。最佳观赏期为5月。

花黄色

马齿苋

Portulaca oleracea

一年生草本（a）；全株无毛，茎平卧或斜倚，伏地铺散（b）；叶互生，有时近对生，叶片扁平、肥厚，倒卵形，似马齿状（b）；花无梗，常3~5朵簇生枝端，黄色（c）；蒴果卵球形，种子细小，多数，偏斜球形，具小疣状凸起（d、e）；花期5—9月，果期6—10月。

《本草纲目》有记载"其叶比并如马齿，而性滑利似苋"，故名马齿苋。又因叶青、梗赤、花黄、根白、子黑，被称为"五行草"。马齿苋为农田常见杂草，全草可入药，嫩茎叶可作蔬菜。

科 **马齿苋科**
Portulacaceae
属 **马齿苋属**
Portulaca
📍 **分布区域**
全园均有分布，一般生于路边及草地。最佳观赏期为9月。

花黄色

蛇莓
Duchesnea indica

多年生草本（a）；匍匐茎多数，被柔毛；小叶倒卵形至菱状长圆形，先端圆钝，边缘有钝锯齿，两面皆有柔毛（a）；花黄色（b），有萼片和副萼片之分（c）；瘦果卵形，光滑或具不明显突起，鲜时有光泽（d、e）；花期6—8月，果期8—10月。

蛇莓植株低矮，叶色翠绿，花色明黄，果实鲜红，是比较优良的景观地被植物。全草可入药，有散瘀消肿、清热解毒的功效。

科 蔷薇科
Rosaceae
属 蛇莓属
Duchesnea
分布区域
福海南河道、鉴园、展诗应律等地，一般生于路边、草地或林下。最佳观赏期为4—5月的花果期。

花黄色

委陵菜
Potentilla chinensis

多年生草本（a）；根粗壮，圆柱形，稍木质化；花茎直立或上升（a），被稀疏短柔毛及白色绢状长柔毛；基生叶为羽状复叶，有小叶5~15对（c），小叶片对生或互生，叶背面被银白色绵毛（d）；伞房状聚伞花序（a），花瓣黄色（b）；瘦果卵球形，深褐色；花果期4—10月。

委陵菜在北京山区较为常见，园区内数量也较多，是一种优良的乡土地被植物。花期一片金黄，景观效果较好。

科 蔷薇科
Rosaceae
属 委陵菜属
Potentilla
⊙ 分布区域
全园均有分布，主要集中在海岳开襟南、狮子林和别有洞天，一般生于草地、路边。最佳观赏期为7月。

花黄色

绢毛匍匐委陵菜

Potentilla reptans var. *sericophylla*

多年生草本（a）；叶为三出掌状复叶，边缘两个小叶浅裂至深裂（b），小叶下面及叶柄伏生绢状柔毛（c）；萼片5，镊合状排列，副萼片5，与萼片互生（e），花通常两性，单生，花瓣5，通常黄色，雄蕊通常20枚，雌蕊多数，着生在微凸起的花托上（d）；花果期4—9月。

委陵菜属植物花形、花色均较为相似，但叶形差异大。该种的主要鉴别特征是：茎匍匐贴地而生，三出复叶，两侧小叶深裂呈掌状五小叶状，不细看易当成掌状五小叶。地表覆盖效果和景观效果俱佳。

科 蔷薇科
Rosaceae
属 委陵菜属
Potentilla
分布区域
别有洞天东、春泽斋东等地，一般生于草地、林下或路边，园区内已形成多个小群落。最佳观赏期为4月。

花黄色

朝天委陵菜

Potentilla supina

一年生或二年生草本（a）；主根细长，并有稀疏侧根；茎平展，上升或直立（a、d）；基生叶羽状复叶，有小叶2~5对，小叶互生或对生（c）；花瓣黄色（b、d）；瘦果长圆形（e）；花果期4—10月。

朝天委陵菜不具匍匐茎，因茎朝着天空方向生长而得名。该种适应性极强，能适应各种极端恶劣的环境，路边水泥地缝中亦能看见其身影。

科 蔷薇科
Rosaceae

属 委陵菜属
Potentilla

分布区域
园区内分布较广，尤以春泽斋、曲院风荷、澄心堂等地数量居多，一般生于路边、草地。最佳观赏期为5月。

花黄色

蒺藜
Tribulus terrestris

一年生草本；茎平卧（a）；偶数羽状复叶，具3~8对对生小叶，矩圆形或斜短圆形，先端锐尖或钝，被柔毛，全缘（b）；花腋生，花梗短于叶（a），花黄色（c）；果具分果瓣（d）；花期5—8月，果期6—9月。

蒺藜叶为偶数羽状复叶，对生，不在花果期时，可借助该特点进行识别。据考证，《诗经·鄘风·墙有茨》中的"茨"，即是蒺藜的古称。蒺藜果有硬刺，触之扎手。人们借用其名字，把一种军事上带尖刺的防御工具也称作蒺藜。

<table>
<tr><td>科</td><td>蒺藜科
Zygophyllaceae</td></tr>
<tr><td>属</td><td>蒺藜属
Tribulus</td></tr>
<tr><td>◎ 分布区域</td><td>玉玲珑馆以西、得胜概码头、狮子林等地，一般生于路边、草地。最佳观赏期为6月。</td></tr>
</table>

花黄色

苘麻
Abutilon theophrasti

一年生亚灌木状草本，高达1~2米，茎枝被柔毛（a）；叶互生，圆心形，先端长渐尖，基部心形，边缘具细圆锯齿，两面均密被星状柔毛（b）；花黄色，花瓣倒卵形（c）；蒴果半球形，被粗毛（d）；花期7—9月。

苘麻在园区内数量较少。因茎皮纤维色白，又名"白麻"，可用于编织麻袋、搓绳索等。因果实外观像磨盘，部分地区亦称其为"磨盘草"。

科 锦葵科
Malvaceae
属 苘麻属
Abutilon
分布区域
汇芳书院西南、曲院风荷南河道、正大光明等地，一般生于路边或草地。最佳观赏期为9月。

花黄色

酢浆草
Oxalis corniculata

　　草本；全株被柔毛，茎细弱，多分枝（a）；叶基生或茎上互生，小叶3，无柄，倒心形，两面被柔毛或表面无毛（b）；花瓣5，黄色（c）；蒴果长圆柱形，5棱（d），种子长卵形，褐色或红棕色，具横向肋状网纹；花果期2—9月。

　　酢浆草的"酢"与"醋"同音，其茎叶中含有草酸，嚼之有酸味，因而得名。酢浆草属植物的小叶在无光照时会自动闭合，其花白天开放夜间闭合。

科 酢浆草科
Oxalidaceae
属 酢浆草属
Oxalis
分布区域
鸿慈永祜、滴远等地，一般生于水边、路边或草地。最佳观赏期为6—8月。

花黄色

荇菜
Nymphoides peltata

多年生水生草本（a）；上部叶对生，下部叶互生，叶片飘浮，近革质，圆形或卵圆，基部心形，全缘，有不明显的掌状叶脉（d），下面紫褐色；花常多数（b），金黄色（c）；蒴果无柄，椭圆形，种子大，褐色；花果期4—10月。

荇菜叶漂浮水面，叶色翠绿，花大而美丽，整个花期长达4个多月，是一种美丽的水生观赏植物，宜用于水流较缓的静水区。《诗经》中"参差荇菜，左右流之"中的荇菜即指该种。荇菜全草可入药，具有清热利尿、消肿解毒、解暑止渴等功效。

科 **睡菜科**

Menyanthaceae

属 **荇菜属**

Nymphoides

◎ **分布区域**

后湖南河道、福海东河道等地，生于水中。最佳观赏期为9月。

花黄色

黄花鸢尾
Iris wilsonii

多年生草本（a）；根状茎粗壮，斜伸，须根黄白色，有皱缩的横纹；叶基生，灰绿色，宽条形，顶端渐尖，有3~5条不明显的纵脉（a）；花冠黄色（b），雄蕊（c）和雌蕊各3；蒴果椭圆状柱形，顶端无喙（d），成熟时自顶端开裂至中部，种子（e）棕色，半圆形；花期4—6月，果期7—8月。

科 鸢尾科
Iridaceae
属 鸢尾属
Iris
📍 分布区域
全园均有分布，一般生于水边。最佳观赏期为4—5月。

黄花鸢尾因其生境、叶形以及花期之前的植株形态均与天南星科的菖蒲（*Acorus calamus*）极为相似，故又名"黄菖蒲"。该种是一种应用较为广泛的岸边绿化植物，剑形的叶片以及明黄硕大的花朵与水边驳岸石搭配可形成较好的景观效果。

花黄色

萱草

Hemerocallis fulva

多年生草本（a）；叶基生成丛，条状披针形（c）；圆锥花序顶生（b），花被基部粗短漏斗状，长达2.5厘米，花被6片，开展，向外反卷，橘红色至橘黄色，雄蕊6，花柱细长（d）；花果期5—7月。

《诗经》中"焉得谖草，言树之背"中的"谖草"就指的是萱草，意为以萱草解相思之愁，故又名"忘忧草"。黄花菜和萱草形态特征较为相似，两者主要区别在于：前者花朵瘦长、花瓣窄、花色嫩黄；后者花漏斗状、花色橘黄色。该种栽培类型颇多，有小花型和重瓣型，颜色亦多样。

科 阿福花科
Asphodelaceae
属 萱草属
Hemerocallis
分布区域
蘋香榭北，一般生于草地或山坡。最佳观赏期为6月。

花黄色

草木樨
Melilotus officinalis

二年生草本；茎直立，多分枝，具纵棱，微被柔毛（a）；羽状三出复叶，小叶倒卵形、阔卵形、倒披针形至线形，先端钝圆或截形，基部阔楔形，边缘具不整齐疏浅齿（c）；总状花序腋生，花冠黄色（b）；荚果卵形（d），种子卵形，黄褐色，平滑；花期5—9月，果期6—10月。

草木樨富含香豆素，且开黄花，故又名"黄香草木樨"或"黄花草木犀"。欧洲人喜欢把草木樨的干燥叶作为香料加入酒和乳酪中，我国古代也常将草木樨夹于书中防蠹。

科 豆科
Fabaceae
属 草木樨属
Melilotus
◎ 分布区域
澹怀堂北、得胜概东岸等地，一般生于草地、水边或路边。最佳观赏期为6月。

花黄色

天蓝苜蓿
Medicago lupulina

一、二年生或多年生草本（a）；全株被柔毛或有腺毛；茎平卧或上升，多分枝；羽状三出复叶，小叶倒卵形、阔倒卵形或倒心形，纸质（b）；头状花序（c），花冠黄色（d）；荚果肾形（e），种子卵形，褐色；花期5—8月，果期7—9月。

天蓝苜蓿在园区内分布较多。该种多成片生长，叶色翠绿，花色明黄，肾形荚果表面具同心弧形脉纹，景观效果极佳。全草可入药，具有清热利湿、舒筋活络的功效。

科 豆科
Fabaceae
属 苜蓿属
Medicago
分布区域
曲院风荷，一般生于水边、路边或草地。最佳观赏期为5月。

花黄色

旋覆花
Inula japonica

多年生草本（a）；根状茎短，横走或斜升；茎单生，有时2~3个簇生；基部叶常较小，中部叶长圆形（b）；花序头状，多数或少数排列成疏散的伞房花序（a），舌状花黄色，舌片线形（c）；瘦果圆柱形，被疏短毛（d）；花期6—10月，果期9—11月。

旋覆花是一种较为常见的野花，在北京平原地区分布数量多。因其盛花期在农历六月，又名"六月菊"。它还有一个别名"金钱花"，该名称来源于唐代诗人皮日休的《金钱花》。花期一片金黄，甚是壮观。

科 菊科
Asteraceae
属 旋覆花属
Inula
分布区域
得胜概西北、福海西河道等地，多生于湿润草地。最佳观赏期为6月。

花黄色

金鸡菊
Coreopsis basalis

一年或多年生草本（a）；叶对生或上部叶互生，全缘或一次羽状分裂（b）；头状花序，有长花序梗，有多数异形的小花，外层有一层无性或雌性结果实的舌状花，中央有多数结实的两性管状花（c、d、e）；瘦果扁，长圆形或倒卵形，或纺锤形；花期5月。

全国各地公园或庭院广泛栽培，除单瓣的品种，还有重瓣的品种。金鸡菊株形优雅，花色艳丽，具有较高的观赏价值。适合种植在水边，与驳岸石搭配使用，景观效果更佳。

科 **菊科**
Asteraceae
属 **金鸡菊属**
Coreopsis
⊙ **分布区域**
福海北岸、鸿慈永祜、山高水长等地，一般生于水边、草地或路边。最佳观赏期为5月。

花黄色

两色金鸡菊

Coreopsis tinctoria

一年生草本（a）；茎直立，上部有分枝；叶（b）对生，下部及中部叶有长柄，二次羽状全裂，裂片线形或线状披针形，全缘；头状花序（c、d）多数，有细长花序梗（e）；瘦果长圆形或纺锤形；花期5—9月，果期8—10月。

两色金鸡菊因其花瓣有两种颜色而得名。株形优美，花色亮丽，观赏价值也高。与金鸡菊主要的区别在于花瓣的颜色。

科 菊科
Asteraceae
属 金鸡菊属
Coreopsis
分布区域
坐石临流、山高水长等地，一般生于草地、路边或水边。最佳观赏期为6月。

花黄色

黑心菊

Rudbeckia hirta

一年或二年生草本（a）；茎不分枝或上部分枝，全株被粗刺毛（e）；下部叶长卵圆形、长圆形或匙形，边缘有细至粗疏锯齿或全缘（b）；头状花序，舌状花鲜黄色，舌片长圆形，管状花暗褐色或暗紫色（c、d）；瘦果四棱形，黑褐色，无冠毛；花期5—6月，果期6—7月。

黑心菊的名字是依据其头状花序中央的管状花呈黑褐色而来。园区内分布的多为栽培种，有重瓣和半重瓣类型，花色多样。可应用于花坛、花境、缀花草坪等。

科 菊科

Asteraceae

属 金光菊属

Rudbeckia

📍 分布区域

福海东岸、映水兰香、山高水长等地，一般生于草地、路边、水边或岩石边。最佳观赏期为7月。

花黄色

宿根天人菊

Gaillardia aristata

多年生草本（a）；茎不分枝或稍有分枝；基生叶和下部茎生叶长椭圆形或匙形，全缘或羽状缺裂，两面被尖状柔毛（a、c）；头状花序，总苞片披针形，舌状花黄色，管状花外面有腺点（b、d）；瘦果长2毫米，被毛（e），冠毛长2毫米；花果期5—11月。

宿根天人菊最显著的特点是舌状花有两色——先端黄，基部红（颜色的深浅及所占比例依品种而不同）（b）。该种花色艳丽，花期长，具有较高的观赏价值，常用于花坛、花境等。

科 **菊科**

Asteraceae

属 **天人菊属**

Gaillardia

◉ **分布区域**

鸿慈永祜、坐石临流、山高水长、文源阁等地，一般生于草地、路边。最佳观赏期为5—11月。

花黄色

菊芋

Helianthus tuberosus

多年生草本（a）；有块状的地下茎及纤维状根（e）；茎直立，有分枝，被白色短糙毛或刚毛（d）；叶通常对生，但上部叶互生，有叶柄，上部叶长椭圆形至阔披针形，下部叶卵圆形或卵状椭圆形（b）；头状花序较大，舌状花通常12~20个，舌片黄色，长椭圆形，管状花花冠黄色（a、c）；瘦果小，楔形；花期8—9月。

菊芋在园区内分布数量较多。在水边和驳岸石搭配可形成较好的景观效果。该种俗名为"鬼子姜""洋姜"，块茎富含淀粉和菊糖，可供食用，农村常用其做酱菜。

科 **菊科**

Asteraceae

属 **向日葵属**

Helianthus

分布区域

山高水长、西长河等地，一般生于水边、草地或山坡。最佳观赏期为8—9月。

花黄色

婆婆针
Bidens bipinnata

一年生草本；叶对生，二回羽状分裂，顶生裂片窄，先端渐尖，边缘疏生不规则粗齿，两面疏被柔毛（a）；头状花序，黄色（b）；瘦果线形，具3~4棱（c、d）；花果期8—10月。

婆婆针又名鬼针草，这两个名字均与其瘦果顶端具针状芒刺有关。全草可入药，具有清热解毒、化瘀消肿、促进血液循环的作用。

科 菊科
Asteraceae
属 鬼针草属
Bidens
分布区域
全园均有分布，一般生于山坡、路边或草地，是北京地区一种较为常见的田间杂草。

花黄色

大狼耙草

Bidens frondosa

一年生草本；茎直立，常带紫色（a）；叶对生，具柄，一回羽状复叶，小叶3~5枚，披针形（a）；头状花序单生茎端和枝端，外层苞片5~10枚，通常8枚，无舌状花或舌状花不发育，筒状花两性（b）；瘦果扁平，顶端芒刺2枚（c、d）；花果期7—10月。

科 菊科

Asteraceae

属 鬼针草属

Bidens

分布区域

全园均有分布，一般生于水边。

大狼耙草在园区内分布较多，多生长在水边、河滩等。该种和鬼针草形态较为相似，易混淆。两者最主要的区别在于：前者为一回羽状复叶，叶对生，后者叶对生或互生，三裂或不裂；前者瘦果扁平带2个芒刺，后者瘦果条形带3~4个芒刺。

花黄色

甘菊

Chrysanthemum lavandulifolium

多年生草本；茎直立（a）；叶二回羽状分裂，其中一回全裂，二回半裂或浅裂（b）；头状花序通常在茎枝顶端排成复伞房花序，花黄色（c）；瘦果长 1.2~1.5 毫米；花果期9—11月。

甘菊是园区内开花最晚的菊科植物。10月中下旬，叶片颜色变红（d），明黄的花，鲜红的叶，为秋天增添了几分色彩。有人把它误认为野菊，其实野菊多分布于南方地区，北方比较少见。

科 菊科
Asteraceae

属 菊属
Chrysanthemum

分布区域
凤麟洲、后湖西山坡、杏花春馆城关等地，一般生于山坡、草地。最佳观赏期为10月。

花黄色

桃叶鸦葱

Scorzonera sinensis

多年生草本（a）；茎直立，不分枝，光滑无毛；基生叶宽披针形、线状长椭圆形或线形，边缘皱波状（d），茎生叶少数，鳞片状，披针形或钻状披针形，半抱茎或贴茎；头状花序单生茎顶（c），总苞片约5层，舌状小花黄色；瘦果圆柱状，冠毛污黄色，大部分羽毛状（e）；花果期4—9月。

鸦葱属植物头状花序未开放时呈鸟嘴状（b），而茎叶形状与石蒜科葱属植物相似，因而名为"鸦葱"。鸦葱属早春开花的地被植物，其舌状花金黄且富有光泽，尤为夺目。

科 菊科
Asteraceae
属 鸦葱属
Scorzonera
◉ **分布区域**
映水兰香、坐石临流、坦坦荡荡北山坡等地，一般生于山坡、草地，园区内已形成几个小群落，数量较多。最佳观赏期为4月。

花黄色

蒲公英

Taraxacum mongolicum

多年生草本（a）；根圆柱状，黑褐色；叶倒卵状披针形、倒披针形或长圆状披针形，先端钝或急尖，边缘有时具波状齿或羽状深裂（d）；头状花序，花黄色（a、c）；瘦果倒卵状披针形，暗褐色（b）；花期3—9月，果期5—10月。

蒲公英果序呈绒球状（e），含多个瘦果，瘦果顶部具冠毛，可随风飘散，从而帮助种子传播。蒲公英花果均具有较高的观赏价值，早春嫩叶及花蕾可作野菜。全株还可入药，有清热解毒的功效。

科 菊科
Asteraceae
属 蒲公英属
Taraxacum
分布区域
全园均有分布，一般生于草地、路边或山坡。最佳观赏期为4—10月。

花黄色

续断菊
Sonchus asper

一年生草本（a）；基生叶与茎生叶同，中下部茎生叶长椭圆形、匙状或匙状椭圆形，羽裂（b）；头状花序排成稠密伞房花序，小花黄色（d、e）；瘦果倒披针状，冠毛白色（c）；花果期5—11月。

续断菊俗名花叶滇苦菜，叶缘有尖齿刺，触之扎手。幼苗期可作野菜食用。

科 **菊科**
Asteraceae
属 **苦苣菜属**
Sonchus
📍 **分布区域**
正觉寺北山坡等地，一般生于山坡、路边或草地。最佳观赏期为5—11月。

花黄色

中华苦荬菜

Ixeris chinensis

多年生草本（a）；茎直立单生或少数茎成簇生；基生叶长椭圆形、倒披针形、线形或舌形，全缘，茎生叶2~4枚，极少1枚或无，长披针形或长椭圆状披针形（b）；头状花序通常在茎枝顶端排成伞房花序，小花黄色，干时带红色（c、d）；瘦果褐色，冠毛白色（e）；花果期1—10月。

中华苦荬菜又名苦菜。嫩叶可食，可凉拌、蘸酱或做馅。全草可入药，有清热解毒、活血化瘀的功效。植株低矮，可在缀花草坪中应用。

科 菊科
Asteraceae
属 苦荬菜属
Ixeris
分布区域
全园均有分布，一般生于山坡、路边或草地。最佳观赏期为5月。

花黄色

尖裂假还阳参

Crepidiastrum sonchifolium

多年生草本（a）；基生叶莲座状，匙形、长倒披针形或长椭圆形，边缘有锯齿（b），中下部茎叶长椭圆形、匙状椭圆形、倒披针形或披针形，羽状浅裂或半裂，心形或耳状抱茎（c）；头状花序在茎枝顶端排成伞房花序或伞房圆锥花序，含舌状小花约17枚，舌状小花黄色（d、e）；瘦果黑色，纺锤形，冠毛白色，微糙毛状；花果期4—5月。

尖裂假还阳参因茎生叶抱茎又名抱茎苦荬菜，这也是该种最主要的识别特征。该种在园区内形成多个较大的群落，花期形成较好的景观效果。

科 菊科
Asteraceae
属 假还阳参属
Crepidiastrum
⊙ 分布区域
全园均有分布，一般生于山坡、草地、林下、岩石缝隙、路边。最佳观赏期为4月。

花黄色

翅果菊
Lactuca indica

一年生或二年生高大草本（a）；叶无柄，草质，中下部茎叶全形倒披针形、椭圆形或长椭圆形，规则或不规则二回羽状深裂（b）；头状花序（d）多数，排成圆锥花序或总状圆锥花序（c），总苞卵球形，边缘紫红色，舌状小花黄色；瘦果椭圆形，黑色，边缘具宽翅，冠毛白色（e）；花果期4—11月。

翅果菊因其瘦果边缘加宽成翅而得名，又名山莴苣、多裂翅果菊。单个头状花序仅绽放一天，昼开夜合。其叶形变化大，植株体内有白色的乳汁。

科 菊科
Asteraceae
属 莴苣属
Lactuca
分布区域
全园均有分布，一般生于林下、灌丛、水边、草地或山坡。最佳观赏期为8月。

花黄色

王莲
Victoria amazonica

多年生或一年生大型浮叶草本（a）；浮水叶椭圆形至圆形，直径可达2米，叶缘上翘呈盘状，叶面绿色略带微红，有皱褶（b），背面紫红色，具刺（c）；花（d）单生，常伸出水面开放，初开白色，后变为淡红色至深红色；果球形（e），种子200~300粒。

园区内的王莲为克鲁兹王莲，单花最多开三天。花瓣通常从下午开始展开，到傍晚即完全开放，花色纯净洁白并带有淡淡的清香；次日天明，花朵开始闭合，傍晚花朵又重新绽放，此时花色变为粉红到深红，香味消失；第三天花朵闭合并沉入水中结实。因花期短，花色多变，又被称为"善变的女神"。

科 睡莲科
Nymphaeaceae
属 王莲属
Victoria
分布区域
武陵春色、风荷楼、濂溪乐处等地，生于水中。最佳观赏期为8月。

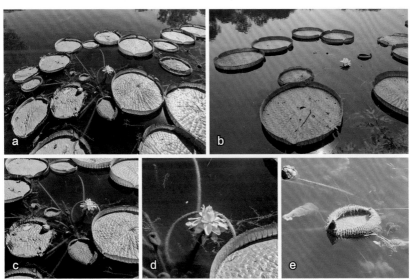

花白色

金银莲花

Nymphoides indica

多年生水生草本（a）；顶生单叶，叶漂浮，近革质，宽卵圆形或近圆形，基部心形，全缘，具不甚明显的掌状叶脉，叶柄短，圆柱形（b、d）；花多数，簇生节上（d），花冠白色，基部黄色（b、c）；蒴果椭圆形，不开裂，种子膨胀，褐色，近球形；花果期8—10月。

金银莲花因其花冠基部呈金黄色，而花瓣裂片及其上密生的流苏状的长柔毛呈银白色（e）而得名。又名印度荇菜、印度莕菜。花卉市场上亦称其为"一叶莲"。

科 睡菜科
Menyanthaceae
属 荇菜属
Nymphoides
分布区域
曲院风荷，生于水中，园区内分布较少，仅一个小群落。最佳观赏期为7月。

花白色

东方泽泻

Alisma orientale

多年生水生或沼生草本（a）；叶多数，挺水叶宽披针形、椭圆形，先端渐尖（c）；花两性，白色（b）或淡红色，稀黄绿色；瘦果椭圆形，背部具1~2条浅沟，腹部自果喙处凸起，呈膜质翅，两侧果皮纸质（d），种子紫红色；花果期5—9月。

东方泽泻的块茎为传统中药材，主治肾炎水肿、肾盂肾炎、肠炎泄泻、小便不利等症。

科 泽泻科
Alismataceae
属 泽泻属
Alisma
分布区域
蘋香榭，一般生于水边，园区内分布较少，仅在蘋香榭水边发现一丛。最佳观赏期为8月。

花白色

野慈姑
Sagittaria trifolia

科 泽泻科

Alismataceae

属 慈姑属

Sagittaria

📍 **分布区域**

福海南河道，生于水中。最佳观赏期为9月。

多年生水生或沼生草本（a）；挺水叶箭形，叶片长短、宽窄变异很大（a、b）；花序总状或圆锥状（c），雌花（d）通常1~3轮，花梗短粗，心皮多数，两侧压扁，雄花多轮，雄蕊多数，花药黄色；瘦果两侧压扁，种子褐色。花果期5—10月。

慈姑的名字与其球茎有关，《农政全书》记载："一根岁生十二子，如慈姑之乳诸子。"该种株形优美，叶色翠绿，花色洁白，具有较高的观赏价值。华夏慈姑是野慈姑的一个亚种，南方地区一般作蔬菜栽培，球茎富含淀粉，可供食用。

花白色

水鳖
Hydrocharis dubia

浮水草本（a）；匍匐茎发达，顶端生芽；叶簇生，多漂浮，有时伸出水面（b）；叶片心形或圆形，先端圆，基部心形，全缘（c）；花冠白色（d）；果实浆果状，种子多数；花果期8—10月。

水鳖叶背面（e）的气囊状存储组织可用于存储空气，使其漂浮于水面。因叶背能看到一些网状的叶脉，形似乌龟壳上的线条，故而得名（e）。花有一种出淤泥而不染的感觉，具有较高的观赏性。水鳖的叶片在冬天腐烂，植株长出"休眠芽"并沉水过冬，待来年春夏之际，休眠芽长成植株。

科 水鳖科
Hydrocharitaceae
属 水鳖属
Hydrocharis
分布区域
曲院风荷、长春仙馆、武陵春色等地，生于水中。最佳观赏期为9月。

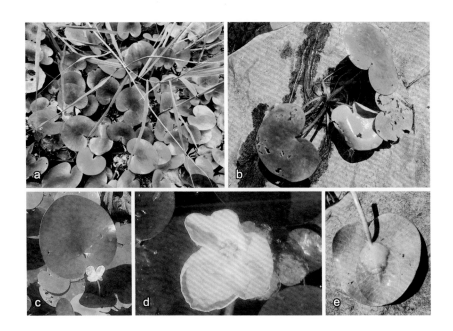

花白色

水盾草

Cabomba caroliniana

多年生水生草本，茎长可达5米；叶二型，沉水叶具叶柄，对生，扇形，二叉分裂，裂片线形（a），浮水叶在花枝上互生，叶狭椭圆形，盾状着生（c）；花生于叶腋，花瓣6，白色或淡紫色，基部黄色（b、d）；花期7—9月。

水盾草在中国开花但不结果，因其沉水叶雅致美观，常用作水族馆的观赏植物。该种也具有一定的水体净化能力，适合重金属污染水体的修复。

科 莼菜科
Cabombaceae
属 水盾草属
Cabomba
分布区域
小有天园、狮子林、得胜概、海岳开襟等地，生于水中，园区内部分水域有分布。

花白色

玉簪

Hosta plantaginea

多年生草本（a）；叶卵状心形、卵形或卵圆形，先端近渐尖，基部心形，具6~10对侧脉（c）；花葶高40~80厘米，具几朵至十几朵花，白色，芳香（a、b）；蒴果圆柱状，有三棱（d）；花果期8—10月。

玉簪因花苞状似头簪而得名。本种原产中国，栽培历史悠久。碧叶莹润，清秀挺拔，花色如玉，幽香四溢，是中国著名的传统香花，在园林绿化中应用广泛。全草可入药，具有清咽、利尿、通经的功效。

科 天门冬科
Asparagaceae
属 玉簪属
Hosta
分布区域
松风萝月北岸、松风萝月西岸等地，一般生于林下、草地或路边。最佳观赏期为8月。

花白色

荠

Capsella bursa-pastoris

科 **十字花科**
Brassicaceae
属 **荠属**
Capsella
分布区域
全园均有分布，一般生于路边、山坡、草地或林下。最佳观赏期为4月。

　　一年或二年生草本（a、e）；茎直立，单一或从下部分枝（b）；基生叶丛生，呈莲座状，大头羽状分裂，顶裂片卵形至长圆形，侧裂片3~8对，长圆形至卵形（e）；总状花序顶生及腋生，花瓣白色（d）；短角果倒三角形或倒心状三角形（c），种子2行，长椭圆形，浅褐色（f）；花果期4—6月。

　　荠是春天开花较早的植物之一。尚未开花的荠菜苗是非常美味的野菜，营养价值较高。

花白色

鹅肠菜

Stellaria aquatica

二年生或多年生草本（a）；叶片卵形或宽卵形，顶端急尖，基部稍心形，有时边缘具毛（b）；顶生二歧聚伞花序（c），花瓣白色（d）；蒴果卵圆形，稍长于宿存萼，种子近肾形，褐色；花期5—8月，果期6—9月。

鹅肠菜别名牛繁缕，与繁缕形态特征极其相似，两者主要区别在于：前者花柱多为5个（d），偶为4（e）或6个，而后者花柱为3个。鹅肠菜是农民公认最好的青饲料，收割简单，营养丰富，喂养的牲口毛色漂亮、肉多味美。

科 石竹科
Caryophyllaceae
属 繁缕属
Stellaria

◎ 分布区域

全园均有分布，一般生于路边、水边或草地。最佳观赏期为5月。

花白色

田葛缕子

Carum buriaticum

多年生草本（a）；茎通常单生，基部有叶鞘纤维残留物（b）；基生叶及茎下部叶有柄，叶片轮廓长圆状卵形或披针形，三至四回羽状分裂，末回裂片线形（c），茎上部叶通常二回羽状分裂，末回裂片细线形；总苞片2~4，线形或线状披针形；小伞形花序具花10~30朵，花瓣白色（d）；果实长卵形；花果期5—10月。

田葛缕子株形美观，叶纤细翠绿，花洁白精致，具有较高的观赏价值。

科 **伞形科**

Apiaceae

属 **葛缕子属**

Carum

⊙ **分布区域**

正觉寺以西，一般生于路边或草丛，园区内分布较少，混杂在崂峪薹草中。最佳观赏期为6月。

花白色

蛇床

Cnidium monnieri

一年生草本（a）；根圆锥状；茎直立或斜上，多分枝，表面具深条棱；叶片轮廓卵形至三角状卵形，2~3回三出式羽状全裂，羽片轮廓卵形至卵状披针形（b）；小伞形花序具花15~20朵，花瓣白色（c）；分生果长圆状（d）；花期4—7月，果期6—10月。

《本草纲目》记载："蛇虺喜卧其下食其子"，因而得名。蛇床洁白的伞形花序和翠绿轻盈的叶片相得益彰，形成了较好的景观效果。

科 伞形科

Apiaceae

属 蛇床属

Cnidium

分布区域

得胜概西北、福海西河道等地，常生于湿润处。最佳观赏期为5月。

花白色

泽芹
Sium suave

多年生草本（a）；茎直立，有条纹，通常在近基部的节上生根；叶片轮廓呈长圆形至卵形，一回羽状分裂，羽片3~9对，无柄，披针形至线形，基部圆楔形，先端尖，边缘有细锯齿或粗锯齿（b、c）；复伞形花序顶生和侧生，花白色（a、d）；果实卵形，分生果的果棱肥厚，近翅状；花期8—9月，果期9—10月。

泽芹与驳岸石搭配具有较好的景观效果。地上部分可入药，有散风寒、降血压的功效。

科 **伞形科**
Apiaceae
属 **泽芹属**
Sium
分布区域
海岳开襟、玉玲珑馆等地，园区内分布较少，一般生于水边或湿润处。最佳观赏期为8月。

花白色

野西瓜苗

Hibiscus trionum

一年生直立或平卧草本；茎柔软，被白色星状粗毛；叶二型，下部的叶圆形，不分裂，上部的叶掌状3~5深裂（a）；花淡黄色，内面基部紫色，花瓣5，倒卵形（b）；蒴果长圆状球形（c），果皮薄，种子肾形，黑色（d）；花期4—8月，果期5—9月。

野西瓜苗原产非洲，现广泛分布于全国各地。野西瓜苗因叶形与西瓜较为相似而得名。野西瓜苗果期花萼膨大，将果实包裹其中，形似灯笼，颇具特色。

科 锦葵科

Malvaceae

属 木槿属

Hibiscus

分布区域

正觉寺以西、上下天光、坐石临流等地，一般生于山坡、草地及路边。最佳观赏期为9月。

花白色

点地梅

Androsace umbellata

　　一年生或二年生草本（a）；叶全部基生，叶片近圆形或卵圆形，边缘具三角状钝牙齿，两面均被贴伏的短柔毛（b）；花葶通常数枚自叶丛中抽出，被白色短柔毛（a），伞形花序生4~15花，花冠白色，喉部黄色（c、d）；蒴果近球形（e）；花期3—4月，果期5—6月。

　　点地梅花小，但早春常成片盛开，甚是美观。民间用点地梅全草治咽喉炎症，故又名喉咙草。果实未成熟时呈亮绿色，似珍珠，故又名佛顶珠。

科 报春花科
Primulaceae
属 点地梅属
Androsace
分布区域
全园均有分布，一般生于草地、山坡。上下天光、映水兰香为最佳观赏地，最佳观赏期为4月。

花白色

狭叶珍珠菜

Lysimachia pentapetala

一年生草本；茎直立，高30~60厘米，圆柱形，多分枝（a），密被褐色无柄腺体；叶互生，狭披针形至线形，先端锐尖，基部楔形（b）；总状花序顶生，初时因花密集而成圆头状，后渐伸长（c），花白色（d）；蒴果球形（e）；花期8—9月，果期9—10月。

狭叶珍珠菜盛花期时，翠绿纤细的叶片和洁白如雪的花序映衬着山石，别有一番韵味。

科 **报春花科**
Primulaceae
属 **珍珠菜属**
Lysimachia
📍 **分布区域**
杏花春馆城关等地，一般生于山坡或草地；园区内分布较少，过去仅发现于杏花春馆城关北山坡，现在映水兰香假山前亦发现一大片。最佳观赏期为9月。

花白色

狼尾花
Lysimachia barystachys

多年生草本（a）；叶互生或近对生，窄披针形，无腺点（b）；总状花序顶生，花密集，常转向一侧（c），花冠白色（d）；果期花序直立，蒴果球形（e）；花期7—8月，果期8—9月。

狼尾花因其总状花序顶生，常转向一侧，弯曲顺滑如狼尾，故而得名。全草入药，能活血调经、散瘀消肿、利水降压。根茎含鞣质，可提制栲胶。

科 报春花科
Primulaceae
属 珍珠菜属
Lysimachia
分布区域
山高水长，一般生于林下，园区内分布较少，目前仅在山高水长的侧柏林下发现一个小群落。最佳观赏期为6月。

花白色

苦蘵
Physalis angulata

一年生草本；植株疏被短柔毛或近无毛，高常30~50厘米（a）；茎多分枝，分枝纤细；叶片卵形至卵状椭圆形，顶端渐尖或急尖，基部阔楔形或楔形，全缘或有不等大的牙齿（e）；花冠淡黄色，喉部常有紫色斑纹，花药蓝紫色或有时黄色（b）；浆果球形（d），果萼卵球形（c），种子圆盘状；花果期5—12月。

苦蘵的果酷似灯笼，故又名"灯笼泡""灯笼草"。早期人们利用其制作酸菜。《尔雅》郭璞注："蘵草，叶似酸浆，花小而白，中心黄，江东以作菹食。"

🔬 **茄科**
Solanaceae
🔖 **灯笼果属**
Physalis
📍 **分布区域**
藻园门东，一般生于林下和草地。最佳观赏期为9月。

花白色

曼陀罗

Datura stramonium

草本或半灌木状（a）；全株近于平滑或在幼嫩部分被短柔毛；茎圆柱状，淡绿色或带紫色，下部木质化；叶广卵形，顶端渐尖（a）；花单生于枝杈间或叶腋，花冠漏斗状，下半部带绿色，上部白色或淡紫色（b、c）；蒴果卵状（d、e），种子卵圆形，稍扁，黑色；花期6—10月，果期7—11月。

曼陀罗一般夜间开放、白天收拢，每朵花只开一日，花形奇特，极其美观，具有较高的观赏价值。全株有剧毒，种子毒性尤烈，所含生物碱有镇静、镇痛、麻醉等作用。据考证，古时的"蒙汗药"即是用曼陀罗花制成。

科 茄科
Solanaceae
属 曼陀罗属
Datura
分布区域
鸿慈永祜、别有洞天等地，一般生于山坡、林下或草地。最佳观赏期为7月。

花白色

龙葵

Solanum nigrum

一年生直立草本（a）；叶卵形，全缘或每边具不规则的波状粗齿（a）；蝎尾状花序腋外生（a），花小，白色（b、c）；浆果球形，嫩时绿色（d），熟后变黑，种子多数，近卵形，两侧压扁；花期5—8月，果期7—11月。

龙葵是一种较为常见的野生植物。浆果熟后变黑，味甜可食，但因其含龙葵碱，不宜大量进食。龙葵在荫蔽处通常开白花，而在全光照下开淡紫色的花。

🔬 **科 茄科**

Solanaceae

🔬 **属 茄属**

Solanum

📍 **分布区域**

园区内分布较多，主要集中在杏花春馆北、藻园门东等地，一般生于林下、路边或草地。最佳观赏期为9月。

花白色

砂引草
Tournefortia sibirica

多年生草本；茎密被糙伏毛（a）；叶椭圆形或窄卵形，两面密被短糙伏毛，无柄或柄极短（e）；伞形花序顶生，花萼裂片线形或披针形，被毛（c），花冠筒漏斗形，黄白色（b），冠筒长于花萼，常稍扭曲，边缘微波状（c）；核果短长圆形或宽卵圆形（d）；花期5月，果期7月。

砂引草一般用作干旱贫瘠盐碱地的先锋草本植物。绵羊和山羊均采食其新鲜植株，而干枯的植株常被骆驼采食。该种具有发达的根系，能提升土壤中空气含量，降低土壤含盐量，增强土壤肥力，砂引草的出现常被视为区域生物多样性恢复的标志。

科 紫草科
Boraginaceae
属 紫丹属
Tournefortia
分布区域
水木明瑟，一般生于路边、山坡或草地。最佳观赏期为5月。

花白色

花蔺

Butomus umbellatus

多年生水生草本；通常成丛生长（a）；根茎横走或斜向生长，节生多数须根；叶基生，无柄，先端渐尖，基部扩大成鞘状，鞘缘膜质（a）；花葶圆柱形（b、c），花瓣粉红色（d、e）；蓇葖果成熟时沿腹缝线开裂，顶端具长喙，种子多数，细小；花果期7—9月。

花蔺属于花叶俱佳的岸边美化植物，该种常与驳岸石搭配，景观效果甚好。花二型，即有长花柱和短花柱的花，但由于花小，二者区别并不是很显著。该种为北京市二级重点保护野生植物。

🔬 **科** 花蔺科
Butomaceae
Ⓟ **属** 花蔺属
Butomus
📍 **分布区域**
曲院风荷南、鉴碧亭等地，一般生于水边；园区内分布较少，在曲院风荷南河道分布有两三丛，鉴碧亭种植了数株。最佳观赏期为7月。

花白色

糙叶黄芪
Astragalus scaberrimus

多年生草本（a），密被白色伏贴毛；地上茎不明显或极短，有时伸长而匍匐；羽状复叶，具7~15片小叶，小叶椭圆形或近圆形，有时披针形（b）；总状花序生3~5花，花冠淡黄色或白色，旗瓣倒卵状椭圆形，先端微凹，翼瓣较旗瓣短，龙骨瓣较翼瓣短（c）；荚果披针状长圆形，微弯（d）；花期4—8月，果期5—9月。

糙叶黄芪植株矮小，花叶几乎贴地而生，是一种观赏性较好的乡土地被植物。该种抗旱、抗贫瘠能力极强，牛羊喜食，可作牧草及水土保持植物。

科 豆科
Fabaceae
属 黄芪属
Astragalus
分布区域
全园均有分布，一般生于草地、山坡、路边。最佳观赏期为早春。

花白色

白车轴草
Trifolium repens

多年生草本（a）；茎匍匐蔓生，节上生根；掌状三出复叶（b），托叶卵状披针形，膜质；花白色或乳黄色，具香气（c）；荚果长圆形，种子通常3粒，阔卵形；花果期5—10月。

白车轴草在园区内数量不多，其复叶的小叶数目一般为3，但偶尔也会出现4小叶（d）或者5小叶，甚至更多小叶的情况，4小叶即是所谓的"幸运四叶草"了。该种与红车轴草近缘，两者主要区别在于：红花的即为红车轴草，白花的则是白车轴草。

科 豆科
Fabaceae
属 车轴草属
Trifolium
⊙ **分布区域**
同乐园、藻园等地，一般生于草地、岩石边或路边。最佳观赏期为5月。

花白色

夏至草
Lagopsis supina

多年生草本（a）；茎带淡紫色，密被微柔毛（c）；叶圆形，先端圆，基部心形，3浅裂或深裂，裂片具圆齿或长圆状牙齿（a、d）；轮伞花序，密被微柔毛，花冠白，稀粉红色，被绵状长柔毛（b）；四小坚果；花期3—4月，果期5—6月。

夏至草的花、果期均较早，夏至前后就开始枯萎死亡，因而得名。《救荒本草》中记载的"郁臭苗"，结合其物种描述，应该指的就是夏至草。全草可入药，具养血活血、清热利湿的功效。

科 **唇形科**
Lamiaceae
属 **夏至草属**
Lagopsis
◎ **分布区域**
全园均有分布，一般生于草地、路边、山坡或林下。最佳观赏期为5月。

花白色

大丁草

Leibnitzia anandria

多年生草本，植株具春秋二型之别；叶基生，莲座状，叶片形状多变异，通常为倒披针形或倒卵状长圆形，边缘具齿、深波状或琴状羽裂（a）；头状花序单生于花葶之顶（b）；瘦果纺锤形，被污白色粗毛（c）；花期春、秋二季。

大丁草花有两型。春型花和普通的菊科头状花序类似（b）；秋型花却看不到花冠，称为闭锁花（d、e）。这种特征是对自然环境的适应，春天授粉不好，结实率会降低；秋天的闭锁花为两性管状花，可自花传粉，从而弥补春型花结实率低的不足。春型花没有授粉时，舌状花为白色，授完粉后舌状花会慢慢闭合，颜色变为粉红色（f），从而阻断传粉者的光顾。

科 菊科
Asteraceae
属 大丁草属
Leibnitzia
分布区域
杏花春馆城关、方河南，一般生于山坡。最佳观赏期为春秋花期。

花白色

鳢肠

Eclipta prostrata

一年生草本（a）；茎直立，被贴生糙毛，有淡黑色的汁液；叶长圆状披针形或披针形，被粗状毛（b）；花白色（a、b）；瘦果暗褐色（c），内含种子（d）1粒；花期6—9月。

醴肠根深茎脆不易拔除，茎叶折断后有墨水状汁液外流，故又名墨草。该种也是一种传统的中药材，全草可入药，具收敛、止血、排脓等功效。

科 菊科
Asteraceae
属 鳢肠属
Eclipta
分布区域
蘋香榭北、万方安和等地，园区内分布较多，一般生于水边或路边潮湿处。最佳观赏期为8月。

花白色

一年蓬

Erigeron annuus

　　一年生或二年生草本（a）；茎下部被长硬毛，上部被上弯短硬毛（b）；基部叶长圆形或宽卵形，稀近圆形，基部窄成具翅长柄，具粗齿（a、b）；头状花序数个，排成疏圆锥花序（c），白色或淡天蓝色（d）；花期5—11月。

　　一年蓬原产于北美，在我国已驯化。本种繁殖能力极强，扩散迅速，在南方已成为难以消灭的入侵物种。其全草可入药，可治疗疟疾、牙疼等病症。

（科）菊科
Asteraceae
（属）飞蓬属
Erigeron
（🌐）**分布区域**
全园均有分布，一般生于草地、路边或山坡。最佳观赏期为5—7月。

花白色

粗毛牛膝菊
Galinsoga quadriradiata

一年生草本（a）；茎枝被稠密的长柔毛（b、c）；叶对生，卵形，边缘具浅或钝锯齿（b）；头状花序排成疏松的伞房花序，舌状花5个，白色（d）；花期5—10月，果期6—11月。

粗毛牛膝菊因叶似苋科植物牛膝，而浑身长满了毛而得名。该种与牛膝菊形态特征较为相似，易于混淆，两者主要区别在于：前者全株密被长柔毛，后者全株仅被少量短柔毛；前者舌状花大，长约2毫米，后者舌状花小，长不超过1.5毫米。

科 菊科
Asteraceae
属 牛膝菊属
Galinsoga
分布区域
西长河东香港回归纪念林等地，一般生于草地、山坡及路边。最佳观赏期为9月。

花白色

滨菊

Leucanthemum vulgare

多年生草本；基生叶长椭圆形、倒披针形、倒卵形或卵形，边缘具圆或钝锯齿（a），中下部茎生叶长椭圆形或线状长椭圆形，向基部骤窄，耳状或近耳状半抱茎（b）；头状花序单生茎顶（c、d）；瘦果无冠毛或舌状花瘦果有侧缘冠齿；花果期5—10月。

滨菊在圆明园分布数量较少，多为栽培种。该种植株低矮，叶色翠绿，花形美观，多用于花坛、花境、缀花草坪等，具有较高的观赏价值。

科 **菊科**

Asteraceae

属 **滨菊属**

Leucanthemum

⊙ **分布区域**

月地云居南，一般生于草地或路边。最佳观赏期为5月。

花白色

诸葛菜

Orychophragmus violaceus

一年或二年生草本，无毛（a）；基生叶及下部茎生叶大头羽状全裂，顶裂片近圆形或短卵形，上部叶长圆形或窄卵形，顶端急尖，基部耳状，抱茎，边缘有不整齐牙齿（b）；花紫色、浅红色或褪成白色（c、d），花萼筒状，紫色，花瓣宽倒卵形，密生细脉纹；长角果线形（e），具4棱；花期3—5月，果期5—6月。

相传诸葛亮率军出征时曾采其嫩梢为食，故名诸葛菜。又因盛花期为农历二月而名二月蓝。该种花期比较长，极具观赏价值。

科 **十字花科**
Brassicaceae
属 **诸葛菜属**
Orychophragmus
⊙ **分布区域**
全园均有分布，一般生于草地、林缘、山坡、岩石缝隙、水边、路边等。最佳观赏期为4月。

花紫色

离子芥
Chorispora tenella

一年生草本（a）；基生叶丛生，宽披针形，具疏齿或羽状分裂，茎生叶披针形，边缘具数对凹波状浅齿或近全缘（b）；总状花序疏展（c），萼片披针形，边缘白色膜质，花瓣淡紫或淡蓝色，长匙形，先端钝圆，基部具细爪（d）；长角果圆柱形，稍上弯，具横节（e），种子褐色，长椭圆形；花果期4—8月。

离子芥和播娘蒿生长在一起，高矮错落有致，花期时明黄与亮紫相互映衬，富有野趣，具有较高的观赏价值。

科 十字花科
Brassicaceae
属 离子芥属
Chorispora
◎ 分布区域
鸿慈永祜南，一般生于草地或山坡，园区内已形成一个较大的群落。最佳观赏期为4月。

花紫色

阿拉伯婆婆纳

Veronica persica

多年生草本（a）；茎密生两列柔毛；叶2~4对，卵形或圆形，边缘具钝齿，两面疏生柔毛，具短柄（b）；总状花序长，苞片互生，与叶同形，近等大，花萼果期增大，裂片卵状披针形，花冠蓝、紫或蓝紫色，裂片卵形或圆形，雄蕊短于花冠（c、d）；蒴果肾形（e），种子背面具深横纹；花期3—5月。

植株低矮，贴地而生，花小巧可爱，具有较好的观赏性。但它是一种入侵植物，茎部易生出不定根形成新株，具有很强的无性繁殖能力，园林绿化中应合理利用。

科 **车前科**
Plantaginaceae
属 **婆婆纳属**
Veronica
◎ **分布区域**
正觉寺以西，一般生于路边、岩石边或山坡，园区内多生长在护坡石下。最佳观赏期为3月。

花紫色

婆婆纳
Veronica polita

多年生草本；植株多少被长柔毛（a）；叶2~4对，叶片心形至卵形，每边有2~4个深刻的钝齿（b）；总状花序长，苞片叶状，花梗比苞片略短，花冠淡紫色、粉色或白色，裂片圆形至卵形，雄蕊比花冠短（a、c、d）；蒴果近于肾形，种子背面具横纹；花期3—10月。

婆婆纳和阿拉伯婆婆纳形态较为相似，花均单生于苞腋（大部分"叶子"实际上是苞片，真正的叶仅2~4对），花形亦相似。可以通过以下特征进行区分：婆婆纳花多为粉色，花梗比苞片略短（d），蒴果被毛；阿拉伯婆婆纳花蓝色，花梗比苞片长，有时超出一倍（e），蒴果无毛。

科 车前科
Plantaginaceae
属 婆婆纳属
Veronica
📍 **分布区域**

正觉寺西，园区内分布数量不多，一般生于路边、草地或岩石边，生境与阿拉伯婆婆纳相似。最佳观赏期为3月。

花紫色

宿根亚麻
Linum perenne

多年生草本（a）；叶互生，叶片狭条形或条状披针形，全缘（b、c）；花多数，组成聚伞花序，蓝色、蓝紫色或淡蓝色，萼片5，花瓣5，雄蕊5，花柱5，分离，柱头头状（d）；蒴果近球形（e），种子椭圆形，褐色；花期6—7月，果期8—9月。

园区内的宿根亚麻均为栽培种，该种枝条纤细，花色清新，花期长，花量大，具有较高的观赏价值，常作为路边、林缘、驳岸石旁等区域的绿化植物。宿根亚麻与亚麻外观相似，但前者果熟时萼片长度仅为蒴果的一半，而后者萼片几与果等长。宿根亚麻的花、果可入药，主治通经活血。

科 亚麻科
Linaceae
属 亚麻属
Linum
⊙ 分布区域
月地云居西、山高水长南、曲院风荷东等地，园区内分布较为广泛，一般生于路边或草地。最佳观赏期为5月。

花紫色

牻牛儿苗

Erodium stephanianum

多年生草本（a），高15~50厘米；直根较粗壮，分枝少；茎多数，仰卧或蔓生（a），具节，被柔毛；叶对生（d）；伞形花序腋生（a），花瓣紫红色，倒卵形（b）；蒴果密被短糙毛（c、e、f），种子褐色，具斑点；花期6—8月，果期8—9月。

牻牛儿苗果实落地后，遇水吸湿而膨胀，其螺旋部分（c）产生的旋转力将种子插入土中进而萌发。全草可入药，有清热解毒和祛风除湿的功效。

科 牻牛儿苗科 Geraniaceae
属 牻牛儿苗属 *Erodium*
⊙ 分布区域
全园均有分布，尤以春泽斋南和后湖西岸居多，一般生于路边和草地。最佳观赏期为6—9月。

花紫色

鼠掌老鹳草
Geranium sibiricum

一年生或多年生草本；茎纤细，分枝多，具棱槽，被倒向疏柔毛（a）；叶对生，叶片肾状五角形（b）；总花梗丝状，单生于叶腋，较叶长，具1花或偶具2花，花瓣倒卵形，淡紫色或白色（c）；蒴果（d）被疏柔毛，果梗下垂，种子（e）肾状椭圆形，黑色；花期6—7月，果期8—9月。

科 牻牛儿苗科 Geraniaceae
属 老鹳草属 *Geranium*
分布区域 天然图画等地，一般生于山坡、草地、水边。最佳观赏期为6—9月。

老鹳草属植物的蒴果具长喙，形如鹳鸟嘴，鼠掌意指花小，故名为鼠掌老鹳草。牻牛儿苗属和老鹳草属最典型的区别是：前者成熟果实的果瓣由基部向上呈螺旋状卷曲，后者成熟果实的果瓣由基部向上反卷。

花紫色

斑种草

Bothriospermum chinense

一年生草本，稀为二年生（a）；植株高20~30厘米，密生开展或向上的硬毛，直根细长，不分枝，茎数条丛生，直立或斜升；基生叶及茎下部叶具长柄，匙形或倒披针形，茎中部及上部叶无柄，长圆形或狭长圆形（c）；花淡蓝色（b）；小坚果肾形（d）；花期3—6月。

斑种草全株密被长硬毛，叶缘呈皱波状，可根据此性状进行识别。该种在北京地区较为常见，虽为田间地头的杂草，但早春时节，嫩绿的叶子和蓝色的小花相互衬托，十分美观。

科 紫草科

Boraginaceae

属 斑种草属

Bothriospermum

◎分布区域

全园均有分布，一般生于路边、草地、山坡或水边。最佳观赏期为4月。

花紫色

多苞斑种草

Bothriospermum secundum

一年生或二年生草本；茎单一或数条丛生，被向上开展的硬毛及伏毛；基生叶具柄，倒卵状长圆形，茎生叶长圆形或卵状披针形，无柄，两面均被短硬毛（a）；花序生茎顶及腋生枝条顶端（b、c），花萼外面密生硬毛（b），花冠蓝色至淡蓝色，喉部附属物梯形（c）；小坚果卵状椭圆形（d）；花期5—7月。

多苞斑种草在园区内数量较少，多苞斑种草与其近缘物种斑种草的主要的区别在于：前者叶平展全缘，后者叶缘波状；前者果实切面有纵凹陷，后者有横凹陷。

科	**紫草科** **Boraginaceae**
属	**斑种草属** *Bothriospermum*
分布区域	

杏花春馆有分布，一般生于路边、草丛及山坡。最佳观赏期为5月。

花紫色

田紫草

Lithospermum arvense

一年生草本（a）；叶无柄，倒披针形至线形，两面均有短糙伏毛（b）；聚伞花序生枝上部（c），花冠高脚碟状，白色，有时蓝色或淡蓝色，外面稍有毛（d）；小坚果三角状卵球形，灰褐色；花果期4—8月。

田紫草因其根茎含紫色物质，可做染料而得名。该种可作饲料，除马不吃外，其他畜禽均可食用；其嫩茎叶可包饺子或凉拌。植株低矮，花小巧精致，抗性强，是一种较好的乡土地被植物。

科 **紫草科**
Boraginaceae
属 **紫草属**
Lithospermum
分布区域
鸿慈永祜，一般生于路边或草地。最佳观赏期为4月。

花紫色

蓝蓟
Echium vulgare

二年生草本；植株被开展的长硬毛和短密伏毛，通常多分枝（a）；基生叶和茎下部叶线状披针形，基部渐狭成短柄，两面有长糙伏毛，茎上部叶较小，披针形，无柄（b）；花序狭长，花多数，较密集（c），苞片狭披针形，花萼5裂至基部，外面有长硬毛，花冠斜钟状，两侧对称，蓝紫色，雄蕊5，花柱顶端2裂（d）；花果期6—9月。

园区内分布的均为栽培种。紫草科植物的花通常为辐射对称，而蓝蓟较为特殊，花为两侧对称，可基于此特征进行区分。该种具有较高的观赏价值，广泛应用于花境中。

科 **紫草科**
Boraginaceae
属 **蓝蓟属**
Echium
◎ **分布区域**
月地云居、曲院风荷等地，一般生于路边和草地。最佳观赏期为6—9月。

花紫色

附地菜
Trigonotis peduncularis

一年生或二年生草本（a）；茎通常多条丛生，密集，铺散，基部多分枝，被短糙伏毛（a）；叶片匙形（c）；花序生茎顶，幼时卷曲，后渐次伸长（b），花冠淡蓝色或粉色（d）；小坚果呈斜三棱锥状四面体形；早春开花，花期甚长。

附地菜在园区内分布数量较多，但因其花小，常不被人注意。附地菜还有一个变种叫大花附地菜，与原种的区别在于花冠大，花冠筒部较长且粗。园区内分布的均为附地菜本种。

科 **紫草科**
Boraginaceae
属 **附地菜属**
Trigonotis
分布区域
全园均有分布，一般生于草地、路边、山坡或岩石边。最佳观赏期为4月。

花紫色

青杞
Solanum septemlobum

直立草本（a）；茎具棱角；叶互生，卵形，先端钝，基部楔形，通常7裂，有时5~6裂或上部的近全缘，两面均疏被短柔毛（b）；二歧聚伞花序（d），花冠青紫色（c）；浆果近球状，熟时红色（e），种子扁圆形；花期6—7月，果期8—10月。

青杞的花、果颜色艳丽，具有较高的观赏价值。

科 **茄科**
Solanaceae
属 **茄属**
Solanum
⊙ **分布区域**
园区内分布较少，仅在接秀山房东山坡生长着数株，一般生于山坡、林下、路边。最佳观赏期为7月。

花紫色

石沙参

Adenophora polyantha

多年生草本；茎直立，常不分枝（a）；基生叶心状肾形，边缘具不规则粗锯齿，基部沿叶柄下延，茎生叶卵形或披针形，稀披针状线形（a、c）；花冠紫或深蓝色，钟状，喉部常稍收缩（b、d）；蒴果卵状椭圆形，种子卵状椭圆形，稍扁；花果期8—10月。

石沙参在园区内分布数量较少。该种叶色翠绿，花朵小巧精致似铃铛，具有较高的观赏价值。石沙参还具有一定的药用价值，根入药，称南沙参，具有清肺润肺、止咳化痰的功效。

科 桔梗科
Campanulaceae
属 沙参属
Adenophora
分布区域
杏花春馆城关，一般生于山坡或林下。最佳观赏期为9—10月。

花紫色

桔梗

Platycodon grandiflorus

茎高20~120厘米，通常无毛（a），偶密被短毛；叶全部轮生、部分轮生至全部互生，无柄或具极短的柄，叶片卵形、卵状椭圆形至披针形（a）；花单朵顶生，或数朵集成假总状花序，花冠大，蓝色或紫色（b、c、e、f）；蒴果球状，或球状倒圆锥形，或倒卵状（d）；花果期6—9月。

桔梗在北京山区有野生种分布，园区内多为栽培种。因其花蕾形如僧帽，故又名"僧帽花"。桔梗花大色艳，具有较高的观赏性。民谣《道拉基》所歌唱的即是这种植物（道拉基是桔梗的朝鲜语发音）。

科 桔梗科

Campanulaceae

属 桔梗属

Platycodon

分布区域

山高水长、映水兰香等地，一般生于草地。最佳观赏期为6—9月。

花紫色

白头翁
Pulsatilla chinensis

根状茎粗；基生叶4~5，具长柄，叶片宽卵形，三全裂（a）；花莛1（~2），有柔毛，苞片3，基部合生成长3~10毫米的筒，三深裂，深裂片线形，花直立，萼片蓝紫色，长圆状卵形，背面有密柔毛（b、c）；瘦果纺锤形，有长柔毛（d、e）；花果期为4—5月。

白头翁因其果期具有宿存的带有毛的花柱，形似老翁的白发而得名。其花果均具有较高的观赏价值。

科 **毛茛科**
Ranunculaceae
属 **白头翁属**
Pulsatilla
⊙ **分布区域**
映水兰香，一般生于向阳的草地、草丛。最佳观赏期为3月底至5月的花果期。

花紫色

千屈菜
Lythrum salicaria

多年生草本（a）；根茎横卧于地下；茎直立，多分枝，全株青绿色，略被粗毛或密被绒毛，枝通常具4棱；叶对生或三叶轮生，披针形或阔披针形，顶端钝形或短尖，基部圆形或心形，全缘，无柄（b）；花组成小聚伞花序（c），花冠红紫色或淡紫色（d）；蒴果扁圆形；花期5—9月。

科 **千屈菜科**
Lythraceae
属 **千屈菜属**
Lythrum
◎ **分布区域**
全园均有分布，一般生于水边。最佳观赏期为5—6月。

千屈菜喜生于水边且叶形似柳，故又称为"水柳"。千屈菜雌蕊的花柱有长、中、短三种类型，即为三型花柱。千屈菜是园区内应用最为广泛的水岸植物。

花紫色

鸢尾
Iris tectorum

多年生草本；根状茎粗壮，二歧分枝；叶基生，黄绿色，宽剑形（a）；花茎顶部常有1~2侧枝，苞片2~3，绿色，草质，披针形（b）；花蓝紫色，外花被裂片圆形或圆卵形，有紫褐色花斑，中脉有白色鸡冠状附属物（c、d）；蒴果长椭圆形或倒卵圆形（e），种子梨形；花期4—5月，果期6—8月。

鸢尾因其花形似蝴蝶，又名"紫蝴蝶"。其根状茎延伸能力极强，常成片出现，地表覆盖速度非常快。单花花期仅一天，但成片的植株开花不断，广泛应用于园林绿化中。根状茎可治关节炎、跌打损伤等症。鸢尾对氟化物敏感，可用于监测环境污染。

科 鸢尾科
Iridaceae
属 鸢尾属
Iris
📍 分布区域
庄严法界、得胜概东等地，一般生于岩石边或路边。最佳观赏期为3—4月。

花紫色

马蔺

Iris lactea

多年生草本；叶基生，灰绿色，线形（a）；花茎高3~10厘米，苞片3~5，草质，绿色，包2~4花，花蓝紫或乳白色，外花被裂片倒披针形，内花被裂片窄倒披针形（b、c、d）；蒴果长椭圆状柱形，有短喙，有6肋（e），种子多面体形，棕褐色；花期5—6月，果期6—9月。

马蔺株形美观，叶色翠绿，花色淡雅，与岩石搭配景观效果极佳。叶线形，细长而韧，可作包粽子的绳子。花、种子、根均可以入药，具有清热解毒、退烧止血的功效。

科 **鸢尾科**

Iridaceae

属 **鸢尾属**

Iris

◎ **分布区域**

会心桥南、松风萝月北等地，一般生于岩石边、路边或草地。北京山区分布有较多的野生马蔺，园区内多为栽培种。最佳观赏期为4月。

薤白
Allium macrostemon

多年生草本；鳞茎近球状，基部常具小鳞茎，外皮带黑色，纸质或膜质（e）；叶半圆柱状或三棱状半圆柱形（a），短于花葶；花梗近等长，珠芽暗紫色，具小苞片（c、d），花淡紫或淡红色，花被片长圆状卵形或长圆状披针形（b）；花果期5—7月。

薤白形态特征与细叶韭较为相似，易于混淆，两者主要区别在于：薤白的伞形花序具多而密集的花，具珠芽，珠芽暗紫色，花淡紫色或淡红色，花丝伸出花被片；而细叶韭伞形花序松散，没有珠芽，花丝和花柱不伸出花被片。

科 石蒜科
Amaryllidaceae
属 葱属
Allium
分布区域
全园均有分布，一般生于草地、山坡、林下或岩石缝隙。最佳观赏期为5—7月。

花紫色

细叶韭
Allium tenuissimum

多年生草本；鳞茎数枚聚生，近圆柱状，鳞茎外皮紫褐色、黑褐色至灰黑色，顶端常不规则破裂，内皮带紫红色（d）；叶半圆柱状至近圆柱状（a）；伞形花序半球状或近扫帚状，花白色或淡红色，稀为紫红色（b）；蒴果，种子黑色（c）；花果期7—9月。

细叶韭叶片细窄，呈半圆柱状至近圆柱状，不同于韭的扁平叶，故而得名。该种花序松散，花色淡雅，较为美观，多生于石缝中，与岩石搭配，景观效果极佳。

科 石蒜科
Amaryllidaceae
属 葱属
Allium
分布区域
正觉寺以西，一般生于山坡、路边或岩石缝隙。最佳观赏期9月。

花紫色

绵枣儿
Barnardia japonica

多年生草本；鳞茎卵形或近球形，鳞茎皮黑褐色（f）；基生叶通常2~5枚，狭带状（a）；花莛常长于叶（b），总状花序，具多数花（c），花紫红色、粉红色至白色（d）；果近倒卵形（e），种子1~3粒，黑色，矩圆状狭倒卵形；花果期7—11月。

绵枣儿在《救荒本草》中被称为"石枣儿"，可能与其喜欢生活在石缝中、果实似枣有关。因其植株似大蒜，故又名"山大蒜"。绵枣儿全草可入药，具有活血止痛、解毒消肿的功效。

科 天门冬科
Asparagaceae
属 绵枣儿属
Barnardia
分布区域
正觉寺北、武陵春色等地，一般生于岩石缝隙、山坡或林下。最佳观赏期为8月。

花紫色

山麦冬
Liriope spicata

多年生草本，植株有时丛生（a）；根稍粗，近末端处常膨大成矩圆形、椭圆形或纺缍形的肉质小块根，根状茎短，木质，具地下走茎；叶先端急尖或钝（b）；总状花序具多数花（c），紫色或淡蓝色（d）；种子近球形（e）；花期5—8月，果期9—10月。

山麦冬是北京地区常见的草坪地被植物，园区内分布数量较多。该种与麦冬形态特征极其相似，主要区别在于：前者花序高于叶丛，而后者花序一般不会高于叶丛，小花通常下垂。园区内仅分布有山麦冬。

科 **天门冬科**
Asparagaceae
属 **山麦冬属**
Liriope
◎ **分布区域**
正觉寺西北等地，一般生于山坡、草地或路边。最佳观赏期为8月。

花紫色

梭鱼草

Pontederia cordata

多年生挺水草本植物（a）；叶形多变，但多为倒卵状披针形（b）；穗状花序顶生（c），花蓝色（d）；蒴果初期绿色，成熟后褐色；花果期7—10月。

梭鱼草原产于北美，因梭鱼幼鱼喜欢躲藏于其密集的茎叶中而得名。梭鱼草姿态挺拔，叶色翠绿，花色迷人，花期较长，是一种花、叶俱佳的水生植物，常与千屈菜、水葱等相间种植。同时它也具有较强的湿地污染清理能力。

科 雨久花科
Pontederiaceae
属 梭鱼草属
Pontederia
分布区域
得胜概北、海岳开襟等地，一般生于水边。最佳观赏期为7—8月。

花紫色

米口袋

Gueldenstaedtia verna

多年生草本（a）；奇数羽状复叶，小叶7~19片，长椭圆形至披针形，两面被柔毛（b）；伞形花序有花2~4朵（a），花萼钟状（c），花冠红紫色，旗瓣卵形，先端微缺，基部渐狭成瓣柄（d）；荚果长圆筒状，被长柔毛（e），种子圆肾形，具不深凹点；花期4月，果期6—7月。

米口袋因其果实形态似装米的口袋而得名。园区内还分布有该种的白花变型——白花米口袋（f）。

科 豆科

Fabaceae

属 米口袋属

Gueldenstaedtia

分布区域

全园均有分布，一般生于草地、山坡或路边。北京郊外随处可见。最佳观赏期为4月。

花紫色

长萼鸡眼草

Kummerowia stipulacea

一年生草本；茎平伏，上升或直立，茎和枝上被疏生向上的白毛（a）；叶为三出羽状复叶，叶柄极短，小叶纸质，倒卵形（b）；花小，单生或2~3朵簇生于叶腋，花萼膜质，阔钟形，花冠上部暗紫色（c）；荚果圆形或倒卵形，稍侧扁（d）；花期7—9月，果期8—10月。

长萼鸡眼草植株低矮，铺地而生，叶色翠绿，小花别致，具有较高的观赏价值。长萼鸡眼草和鸡眼草形态特征极其相似，主要区别为：前者叶较宽，荚果长为萼的两倍；后者叶较窄，荚果较萼稍长。园区内分布的为长萼鸡眼草。

科 豆科

Fabaceae

属 鸡眼草属

Kummerowia

分布区域

曲院风荷西岸，园区内分布较少，一般生于路边、草地。最佳观赏期为9月。

花紫色

大花野豌豆

Vicia bungei

一、二年生缠绕或匍匐草本；茎有棱，多分枝；偶数羽状复叶，顶端卷须有分枝，小叶3~5对，长圆形或狭倒卵长圆形（a）；总状花序长于叶或与叶轴近等长，具花2~4（~5）朵，着生于花序轴顶端（b、c），蝶形花冠红紫色或金蓝紫色，旗瓣倒卵披针形，先端微缺，翼瓣短于旗瓣，长于龙骨瓣（d）；荚果扁，长圆形（e、f），种子2~8粒，球形；花期4—5月，果期6—7月。

科 豆科

Fabaceae

属 野豌豆属

Vicia

分布区域

全园均有分布，一般生于草地、山坡或路边。最佳观赏期为4—5月。

大花野豌豆因花萼三齿分裂，故又名"三齿萼野豌豆"。该种植株低矮，叶色翠绿，花形优美，具有较高的观赏价值。该种根系有固氮的作用，是北京地区较为常见的一种乡土地被植物。

花紫色

苜蓿
Medicago sativa

多年生草本（a）；茎直立、丛生以至平卧，四棱形；羽状三出复叶，小叶长卵形、倒长卵形至线状卵形，纸质（b）；花冠各色：淡黄、深蓝至暗紫色（c、d）；荚果熟时棕色（e），有种子10~20粒，种子卵形，黄色或棕色；花期5—7月，果期6—8月。

苜蓿又名紫苜蓿，一般作为饲料和牧草进行栽培。该种植株低矮，花色艳丽，具有较好的观赏性。"苜蓿随天马，蒲桃逐汉臣"，据说苜蓿是由张骞从西域引入，现遍布全国。

科 豆科
Fabaceae
属 苜蓿属
Medicago
📍 分布区域
坐石临流、曲院风荷等地，一般生于草地、林下、路边、灌丛及山坡。最佳观赏期为5月。

花紫色

远志
Polygala tenuifolia

科 堇菜科
Violaceae
属 堇菜属
Viola
⊙ 分布区域
碧桐书院、廓然大公、正觉寺西北等地，一般生于岩石缝隙、山坡和草地。

　　草本（a）；茎多数丛生，直立或倾斜（a），具纵棱槽，被短柔毛；单叶互生，叶片纸质，线形至线状披针形（d）；总状花序呈扁侧状生于小枝顶端，细弱，通常略俯垂，少花，稀疏（b、c）；蒴果圆形（e），种子卵形，黑色，密被白色柔毛；花果期5—9月。

　　远志花果期长，观赏价值高。西伯利亚远志与该种形态特征较为相似，但前者叶披针形，较宽；后者叶线性，较窄。园区内仅分布有远志。近两年远志个体数量有所增加，在碧桐书院和廓然大公形成两个群落。

花紫色

荔枝草

Salvia plebeia

一年生或二年生草本；茎四棱（c）；叶椭圆状卵圆形或椭圆状披针形，先端钝或急尖，基部圆形或楔形，边缘具圆齿、牙齿或尖锯齿（a）；轮伞花序在茎枝顶端组成总状或总状圆锥花序（d、e），花冠淡红、淡紫、紫、蓝紫至蓝色，稀白色（b）；花期4—5月，果期5—7月。

荔枝草叶面凹凸不平有褶皱，形似荔枝壳或者蛤蟆皮，故得名"荔枝草""蛤蟆草"。全草可以入药，具有清热解毒、消肿止痛的功效，民间广泛用于跌打损伤、流感、咽喉肿痛等症的治疗。

科 唇形科
Labiatae
属 鼠尾草属
Salvia
分布区域
正觉寺西、映水兰香等地，一般生于山坡、草地或路边。最佳观赏期为5月。

花紫色

薄荷
Mentha canadensis

多年生草本（a）；茎直立，锐四棱形，具四槽，上部被倒向微柔毛，下部仅沿棱上被微柔毛（d、e）；叶片长圆状披针形或披针形（b）；轮伞花序腋生，花冠淡紫（c）；小坚果卵珠形，黄褐色，具小腺窝；花期7—9月，果期10月。

薄荷是常见的香草植物，野生薄荷多生于水边潮湿地。薄荷用途广泛，可提取薄荷油和薄荷脑；全草可供药用；幼嫩茎叶可做汤、菜食用。

🔬 **科** 唇形科
Lamiaceae
🔬 **属** 薄荷属
Mentha
📍 **分布区域**
澹泊宁静、福海等地，一般生于草地、路边或水边。最佳观赏期为7月。

花紫色

荆芥
Nepeta cataria

多年生草本，被白色短柔毛（a）；叶卵形或三角状心形，具粗齿（b）；聚伞圆锥花序顶生（c），花冠白色、紫色等，下唇被紫色斑点，上唇先端微缺，下唇中裂片近圆形，具内弯粗齿，侧裂片圆（d）；小坚果三棱状卵球形；花期4—5月，果期6—7月。

荆芥株形美观，花色艳丽，具有较好的观赏性。荆芥属的一些物种能够刺激猫并使其产生一些特殊行为，如翻滚、拍打、啃咬、嗥叫等，因此又被称为猫薄荷（catmint）。荆芥全草可入药，具有抗炎止痛、解毒消肿的功效。

科 唇形科
Lamiaceae
属 荆芥属
Nepeta
⚲ 分布区域
同乐园，一般生于水边、草地或路边。最佳观赏期为4月。

花紫色

益母草

Leonurus japonicus

一年生或二年生草本；茎直立，钝四棱形；叶轮廓变化大，茎下部叶轮廓为卵形，掌状3裂，裂片呈长圆状菱形至卵圆形，裂片上再分裂（a）；轮伞花序具8~15花（b），苞叶近无柄，条形或条状披针形（c），小苞片刺状，花萼管状钟形，花冠紫红色（d）；小坚果长圆状三棱形（e）；花期6—9月，果期9—10月。

益母草自古被视为妇科良药，其名亦由此而来。益母草植株中含益母草素，能促进产后子宫收缩，故广泛用于妇科疾病的治疗。人们常将益母草和夏至草混淆，事实上两者隶属不同的属，形态特征差异较大。益母草花通常为紫红色，夏至草花通常为白色；益母草植株被毛较少，夏至草植株被毛较多。

科 唇形科
Lamiaceae
属 益母草属
Leonurus
分布区域
淡泊宁静西南、武陵春色等地，一般生于林下、路边、山坡或草地。最佳观赏期为8月。

花紫色

活血丹
Glechoma longituba

多年生草本；具匍匐茎，逐节生根；茎四棱形，基部通常呈淡紫红色（a）；叶片心形或近肾形，边缘具圆齿或粗锯齿状圆齿（b）；轮伞花序通常2花，稀具4~6花（c），花冠淡蓝、蓝至紫色，下唇具深色斑点（d）；成熟小坚果深褐色，长圆状卵形；花期4—5月，果期5—6月。

活血丹植株低矮，叶色翠绿，叶形小巧精致，花色淡雅，花形美观，具有较好的观赏性。该种为传统中药材，具有利湿通淋、清热解毒、散瘀消肿的功效。它还有多个依据疗效而起的别名，比如咳嗽药（四川）、肺风草（湖南、福建）、胎济草（浙江）等。

科 唇形科
Lamiaceae
属 活血丹属
Glechoma
◎ 分布区域
正觉寺西北小岛，一般生于水边、岩石边及林缘。最佳观赏期为5月。

花紫色

旋蒴苣苔

Dorcoceras hygrometricum

多年生草本；叶全部基生，莲座状，无柄，近圆形、圆卵形或卵形，上面被白色贴伏长柔毛，下面被白色或淡褐色贴伏长绒毛，顶端圆形，边缘具牙齿或波状浅齿（a）；聚伞花序伞状，每花序具2~5花（b），花冠淡蓝紫色，外面近无毛（c）；蒴果长圆形（d、e），种子卵圆形；花期7—8月，果期9月。

旋蒴苣苔因叶片形似牛耳，又名"牛耳草"。该种叶色碧绿，株形优美，花朵小巧可爱，观赏价值极高。全草可入药，具有较高的药用价值。园林景观配置中多与山石搭配。

科 苦苣苔科
Gesneriaceae
属 旋蒴苣苔属
Dorcoceras
分布区域
杏花春馆、廓然大公，园区内主要分布在叠石中，一般生于阴面石灰岩上。生长期要求较高的空气湿度和土壤湿度。最佳观赏期为7月。

花紫色

通泉草

Mazus pumilus

一年生草本（a）；茎直立、上升或倾卧状上升；基生叶有时成莲座状或早落，倒卵状匙形至卵状倒披针形，顶端全缘或有不明显的疏齿，边缘具不规则的粗齿或基部有1~2浅羽裂（a），茎生叶对生或互生；花冠白色、紫色或蓝色（b），二强雄蕊（c）；蒴果球形（d），种子小而多数，黄色，种皮上有不规则网纹；花果期4—10月。

科 通泉草科
Mazaceae

属 通泉草属
Mazus

◎ 分布区域

蘋香榭东北，一般生于路边或草地。最佳观赏期为4—10月。

通泉草据说是因其生长处不远必有水源而得名。该种花期长，从4月至10月一直开花不断，生长期间，株形大小、花冠颜色以及喉部色斑颜色均有较大的变化。该种植株矮小，覆盖地表的效果较好。

花紫色

地丁草
Corydalis bungeana

二年生灰绿色草本（a）；基生叶多数，叶片上面绿色，下面苍白色，二至三回羽状全裂，茎生叶与基生叶同形（b）；总状花序（c），花梗短，花粉红色至淡紫色，外花瓣顶端多少下凹，具浅鸡冠状突起，边缘具浅圆齿（d、e）；蒴果椭圆形，下垂，具2列种子，种子边缘具4~5列小凹点（f）；花期4月。

地丁草伏地而生，花小如钉，因而得名。植株小巧轻盈，具有较好的观赏性。地丁草具有较高的药用价值，对治疗肝炎、支气管炎及溃疡等有较好的疗效。

科 罂粟科
Papaveraceae
属 紫堇属
Corydalis
◉ 分布区域
澹泊宁静、映水兰香、曲院风荷、鸿慈永祜等地，一般生于草地、路边。最佳观赏期为4月。

花紫色

紫堇
Corydalis edulis

一年生灰绿色草本（a）；基生叶具长柄，叶片近三角形，1~2回羽状全裂（b）；总状花序疏具3~10花（d），花粉红色至紫红色，外花瓣较宽展，顶端微凹，无鸡冠状突起，内花瓣具鸡冠状突起（c）；蒴果线形，下垂，具1列种子（f），种子密生环状小凹点（g）；花果期4—7月。

紫堇与地丁草形态特征较为相似，两者主要区别如下：前者的花苞片为卵状披针形（d），后者的花苞片为羽状深裂叶片状（e）；前者叶1~2回羽状全裂，后者叶2~3回羽状全裂；前者蒴果条形，后者蒴果矩圆形；前者种子表面粗糙，后者种子表面光滑。

科 罂粟科
Papaveraceae
属 紫堇属
Corydalis
分布区域
山高水长西北、月地云居南等地，一般生于林下，园区内已形成数个小群落，均生长在柏树林下。最佳观赏期为5月。

花紫色

虞美人
Papaver rhoeas

一年生草本，全体被伸展的刚毛（a）；茎直立，被淡黄色刚毛；叶互生，叶片轮廓披针形或狭卵形，羽状分裂（b）；花单生于茎和分枝顶端（a、c），花瓣4，全缘，紫红色，基部通常具深紫色斑点（d）；蒴果宽倒卵形，具不明显的肋，种子多数，肾状长圆形；花果期4—8月。

虞美人与罂粟外观较为相似，两者区别主要在于：虞美人的茎生叶基部不抱茎，花序梗具柔软伸展毛，花丝紫红或深紫色（e）；而罂粟的茎生叶基部抱茎，花序梗无毛或散生小刚毛，花丝白色。

⚲科 罂粟科
Papaveraceae
⚲属 罂粟属
Papaver
📍分布区域
鸿慈永祜、洞天深处等地，一般生于水边、草地。最佳观赏期为5月。

花紫色

紫花地丁

Viola philippica

多年生草本，无地上茎（a）；叶多数，基生，莲座状（e）；花紫堇色或淡紫色，喉部色较淡并带有紫色条纹（c、d）；蒴果长圆形，无毛，种子卵球形，淡黄色（b）；花果期为4月中下旬至9月。

紫花地丁与早开堇菜形态特征极相似，易于混淆。主要识别要点如下：前者花期晚，后者花期早；前者叶偏长，后者叶偏圆；前者距细弱，后者距粗壮；前者花梗偏紫色，后者偏绿色；前者花瓣基部光滑，后者花瓣基部有髯毛。

科 董菜科
Violaceae
属 董菜属
Viola
分布区域
全园均有分布，一般生于山坡、草地、林下。最佳观赏期为4月。

花紫色

早开堇菜

Viola prionantha

科 堇菜科
Violaceae
属 堇菜属
Viola
📍 **分布区域**
全园均有分布，一般生于路边、山坡、林下和草地。最佳观赏期为4月。

多年生草本（a）；叶多数，均基生，叶片在花期呈长圆状卵形、卵状披针形或狭卵形，果期叶片显著增大，三角状卵形（b）；花大，紫堇色或淡紫色，喉部色淡并有紫色条纹（c、d）；蒴果长椭圆形，无毛，顶端钝常具宿存的花柱，种子多数，卵球形，深褐色常有棕色斑点（e）；花果期为3—10月。

堇菜属是堇菜科种类最多的一个属，全世界分布有500余种，中国亦分布有百余种。堇菜属植物花的特征明显：花冠两侧对称，花瓣5片，不等形，下方一枚基部延伸成距，距内有蜜腺，用来吸引传粉者。早开堇菜因花期早而得名。

花紫色

饭包草

Commelina bengalensis

多年生披散草本（a）；茎大部分匍匐，节上生根，被疏柔毛；叶有明显的叶柄，叶片卵形，顶端钝或急尖，近无毛（a）；花瓣蓝色（b、c）；蒴果椭圆状，种子黑色；花期夏秋。

饭包草与鸭跖草形态特征较为接近，两者主要区别在于：前者叶形偏短圆，后者叶形偏长尖；前者苞片的基部常合生成漏斗状（d），而后者苞片基部不连合（e）；前者花丝紫色（b），后者花丝白色。

🏷️ **科 鸭跖草科**
Commelinaceae
🏷️ **属 鸭跖草属**
Commelina
📍 **分布区域**
正觉寺西山坡等地，一般生于路边、水边、岩石边。最佳观赏期为9月。

花紫色

鸭跖草
Commelina communis

一年生披散草本（c）；茎匍匐生根，多分枝；叶披针形至卵状披针形（b）；花瓣深蓝色（a）；蒴果椭圆形（d），有种子4粒，种子棕黄色，一端平截、腹面平，有不规则窝孔（e）；花期7—9月。

鸭跖草一般喜生于溪边河畔，因鸭子喜食其嫩茎叶，而得名。鸭跖草每朵花具萼片和花瓣各三枚，侧生两片花瓣呈蓝色，较大，中间的一枚花瓣呈白色，较小，花形较为奇特，优雅美观，具有一定的观赏价值。本种单花花期仅一天，清晨开花，午后便逐渐凋萎。

科 鸭跖草科
Commelinaceae
属 鸭跖草属
Commelina
分布区域
全园均有分布，一般生于水边、草地。最佳观赏期为7月。

花紫色

独根草
Oresitrophe rupifraga

多年生草本（c）；根状茎粗壮，具芽，芽鳞棕褐色；叶均基生，2~3枚，叶片心形至卵形，边缘具不规则齿牙（b）；多歧聚伞花序（a、c）；花期4—5月，果期5—6月。

独根草花色艳丽（d、e），株形优美，具有较高的观赏价值。独根草对环境要求较为苛刻，一般生于岩石缝隙。与槭叶铁线莲、房山紫堇合称"崖壁三绝"。

科 **虎耳草科**
Saxifragaceae
属 **独根草属**
Oresitrophe
◎ **分布区域**
正觉寺以西、廊然大公，一般生于岩石缝隙。最佳观赏期为3月底。

花紫色

芡

Euryale ferox

一年生大型水生草本（a）；沉水叶箭形或椭圆肾形，浮水叶革质，椭圆肾形至圆形，盾状，全缘，正面绿色，背面紫色（b、c）；花紫红色；浆果球形，污紫红色，外面密生硬刺，种子球形（d、e），黑色；花期7—8月，果期8—9月。

芡因其浆果球形，淡紫红色，外面密生尖刺，酷似鸡头（e），故又名"鸡头实"。芡含大量的淀粉，可煮粥或做菜；亦可入药，治疗风湿性关节炎、腰酸膝疼等症；全草为猪饲料，也可作为绿肥。该种在园区内皆为栽培种，数量较少，很少能看到其开花。

科 睡莲科

Nymphaeaceae

属 芡属

Euryale

分布区域

翠鸟桥，生于水中。最佳观赏期为8月。

花紫色

麦蓝菜

Gypsophila vaccaria

一年生草本；叶卵状披针形或披针形，基部圆或近心形，被白粉，抱茎（b）；伞房状聚伞花序（a），花萼具5棱，绿色（c），花瓣淡红色，瓣片窄倒卵形，微凹，有时微具缺刻（d）；蒴果宽卵球形（e），种子近球形；花期4—7月，果期5—8月。

石竹科部分物种是常见的麦田杂草，如麦瓶草、麦仙翁等，麦蓝菜亦是其一。麦蓝菜的种子入药，即"王不留行"，可治经闭、乳汁不通、乳腺炎和痈疖肿痛等。

科 石竹科
Caryophyllaceae
属 石头花属
Gypsophila
📍 分布区域
曲院风荷东等地，一般生于草地或路边。最佳观赏期为5月。

花紫色

酸模叶蓼

Persicaria lapathifolia

　　一年生草本（a）；茎直立，节部膨大，有膜质托叶鞘（c）；叶披针形或宽披针形，顶端渐尖或急尖，基部楔形，上面绿色，有黑褐色斑块，全缘（b）；总状花序呈穗状，顶生或腋生（d），花被淡红色或白色（e）；瘦果宽卵形，双凹，黑褐色，包于宿存花被内；花期5—8月，果期7—9月。

　　酸模叶蓼叶片中央常有一个大的黑褐色新月形斑块，故又名"斑蓼"。这一特征也是该种区别于同属其他物种最为典型的识别特征。嫩茎叶可以食用，全草可入药，具有补充维生素、润肠通便的功效。

科 蓼科
Polygonaceae
属 蓼属
Persicaria
分布区域
福海东岸、蘋香榭等地，一般生于水边、草地或路边。最佳观赏期为5—8月。

花紫色

红蓼

Persicaria orientalis

科 蓼科
Polygonaceae
属 蓼属
Persicaria
📍 **分布区域**

一年生草本植物；茎直立，多分枝（a）；叶大，卵状披针形至阔卵形，全缘，被毛（d），托叶鞘顶端绿色（b）；花梗长，圆锥花序顶生或腋生，小花密集，亮粉红或玫瑰红色（c）；瘦果卵形，稍扁，黑色，包于宿存的花被内；花期7—9月。

武陵春色、春泽斋、福海北等地，园区内分布较少，一般生于岸边、湿地或路边。最佳观赏期为7—9月。

红蓼枝叶高大，疏散洒脱，是颇具特色的驳岸边观赏植物。穗状花序可作插花材料；果实入药，名为"水红花子"，具有活血、止痛等功效。

花紫色

矢车菊

Centaurea cyanus

一年生或二年生草本，植株灰白色（a）；基生叶及下部茎生叶长椭圆状倒披针形或披针形，全缘（b）；头状花序多数或少数在茎枝顶端排成伞房花序或圆锥花序，总苞（c）椭圆状，边花增大，超长于中央盘花，蓝色、白色、红色或紫色，盘花浅蓝色或红色（d、e）；瘦果椭圆形；花果期2—8月。

矢车菊花色极为丰富，有紫色、蓝色、粉色、白色等，具有较好的观赏性，园区内分布均为栽培种。该种具有一定的药用价值，能治疗胃炎、支气管炎、眼疾等。瘦果含油率高，可提取精油。

科 菊科
Asteraceae
属 疆矢车菊属
Centaurea
分布区域
洞天深处、曲院风荷东等地，一般生于草地或路边。最佳观赏期为5月。

花紫色

泥胡菜

Hemisteptia lyrata

一年生草本（a）；基生叶长椭圆形或倒披针形，叶均大头羽状深裂或几全裂（b）；头状花序在茎顶形成伞房花序，花冠红或紫色（c）；瘦果楔形，冠毛2层，白色（d）；花果期4—5月。

泥胡菜中外层苞片背面上方近顶端处有鸡冠状突起的附片，可根据此特征进行识别。该种的基生叶和秃疮花的基生叶近似，易于混淆，两者主要区别在于：秃疮花的基生叶有白色斑块，而泥胡菜没有。

科 **菊科**
Asteraceae
属 **泥胡菜属**
Hemisteptia
◉ **分布区域**
全园均有分布，一般生于山坡、路边或草地，园区内分布较为广泛。最佳观赏期为5月。

花紫色

蓟
Cirsium japonicum

多年生草本（a）；块根纺锤状或萝卜状；茎直立，分枝或不分枝，具条棱（e）；基生叶较大，卵形或长倒卵形（d）；头状花序直立，下部灰白色（b）；瘦果扁，偏斜楔状倒披针状，冠毛浅褐色，多层，基部联合成环（c）；花果期4—11月。

蓟幼嫩植株可食。全草可入药，治吐血、鼻出血、尿血、子宫出血、黄疸、疮痈等症。

科 菊科
Asteraceae
属 蓟属
Cirsium

分布区域

澹泊宁静、后湖西河道等地，一般生于山坡、灌丛、草地、路旁、溪边等。最佳观赏期为10月。

花紫色

阿尔泰狗娃花

Aster altaicus

多年生草本；茎直立，被毛，具分枝（a）；叶条形或披针形，全缘或有疏浅齿（b）；头状花序单生或排成伞房状（c）；总苞半球形，总苞片矩圆状披针形或条形（d）；舌状花浅蓝紫色（c、d）；冠毛污白色或红褐色（e）；花果期7—9月。

阿尔泰狗娃花株形紧凑，花朵繁密，色彩淡雅，可应用于缀花草坪。该种的近缘种为狗娃花，阿尔泰狗娃花和狗娃花的主要区别在于：前者舌状花冠毛长（e），后者舌状花冠毛极短。园区内分布的多为阿尔泰狗娃花。

科 菊科
Asteraceae
属 紫菀属
Aster
◎ 分布区域
狮子林、同乐园等地，一般生于草地、山坡或路边。最佳观赏期为4月。

花紫色

联毛紫菀
Symphyotrichum novi-belgii

多年生草本；茎直立，多分枝（a）；叶长圆形至条状披针形，先端渐尖，基部渐狭，全缘或有浅锯齿，上部叶无柄，基部微抱茎（c）；头状花序顶生（b），总苞钟形（d），舌状花蓝紫色、紫红色等，管状花黄色（b）；瘦果长圆形；花果期8—10月。

联毛紫菀的种加词"*novi–belgii*"指"新尼德兰"，是原荷兰殖民者在北美州东部建立的殖民地，故又名荷兰菊。联毛紫菀品种繁多，花色丰富，株形优美，具有较高的观赏价值。

科 菊科
Asteraceae
属 紫菀属
Symphyotrichum
分布区域
正觉寺北山坡，一般生于山坡、路边、花坛及草地。最佳观赏期为6月。

花紫色

芍药
Paeonia lactiflora

多年生草本（a）；下部茎生叶为二回三出复叶，上部茎生叶为三出复叶，小叶狭卵形，椭圆形或披针形（b）；花数朵，生茎顶和叶腋，有时仅顶端一朵开放，萼片4，宽卵形或近圆形，花瓣9~13，倒卵形（c、d）；蓇葖果4~5（e）；花期5—6月，果期8月。

芍药是中国传统名花，具有较高的观赏价值，自古与牡丹并称"花中二绝"。这两种植物形态较为相似，早期人们常不加区分，将其统称为芍药。唐代以后普遍把木本芍药称为牡丹，草本者仍称芍药，芍药的地上茎冬季枯死，而牡丹则宿存。

科 **芍药科**
Paeoniaceae
属 **芍药属**
Paeonia
⊙ **分布区域**
鸿慈永祜、含经堂、藻园等地。最佳观赏期为5月。

花红色或多色

睡莲
Nymphaea tetragona

多年水生草本；叶纸质，心状卵形或卵状椭圆形，基部具深弯缺，约占叶片全长的1/3，裂片急尖，稍开展或几重合，全缘（a）；花梗细长（b），花瓣白色（c）、粉色或紫色（b），宽披针形、长圆形或倒卵形；浆果球形，种子黑色；花期6—8月，果期8—10月。

睡莲的花具有昼开夜合的特点，其名也由此而来。该种果期沉入水下，果实在水下成熟。园区还引种了一种耐寒睡莲"万维莎"，该品种有"世界睡莲冠军"之称，其花可呈现出半红半黄的色彩（d），但其花色不稳定，多数情况下开出的是全红或全黄。

科 睡莲科
Nymphaeaceae
属 睡莲属
Nymphaea
◎ 分布区域
全园水面均有分布。圆明园水域面积大，睡莲分布极其广泛。最佳观赏期为6—7月。

花红色或多色

蜀葵

Alcea rosea

二年生直立草本（a）；茎枝密被刺毛；叶近圆心形，掌状5~7浅裂或波状棱角，裂片三角形或圆形，上面疏被星状柔毛，下面被星状长硬毛或绒毛，叶柄被星状长硬毛（e）；花腋生，单生或近簇生，排列成总状花序式（b），花大，有红、紫、白、粉红、黄和黑紫等色，单瓣（d）或重瓣（c）；果盘状（f）；花期2—8月。

蜀葵原产于西南地区，现全国各地均有栽培。该种在圆明园的绿化中应用较广，多为栽培种，株形挺拔，叶色翠绿，花大色艳，具有较高的观赏价值。蜀葵全草可入药，有清热止血、消肿解毒的功效。

科 锦葵科
Malvaceae
属 蜀葵属
Alcea

分布区域
福海北岸、澹怀堂等地，一般生于山坡或路边。最佳观赏期为5—6月。

花红色或多色

石竹
Dianthus chinensis

多年生草本（a）；茎由根颈生出，疏丛生，直立，上部分枝；叶片线状披针形，顶端渐尖，基部稍狭，全缘或有细小齿，中脉明显（b）；花单生枝端或数花集成聚伞花序（e），紫红色、粉红色、鲜红色或白色（c、d）；蒴果圆筒形，包于宿存萼内，顶端4裂，种子黑色，扁圆形；花期5—6月，果期7—9月。

石竹茎有膨大的节似竹，故得"竹"名。野生种在山区较为常见，经人工驯化后已培育出许多形态各异、花色艳丽的品种。园区内的石竹多为栽培种，品种较为丰富，具有较高的观赏价值。

科 石竹科
Caryophyllaceae
属 石竹属
Dianthus
📍 分布区域
月地云居、洞天深处、曲院风荷等地，一般生于草地或林下。最佳观赏期为6月。

花红色或多色

地黄

Rehmannia glutinosa

多年生草本；株高10~30厘米，密被灰白色长柔毛和腺毛；根茎肉质，鲜时黄色；叶通常在茎基部集成莲座状，叶片卵形至长椭圆形，上面绿色，下面略带紫色或紫红色，边缘具不规则圆齿或钝锯齿（a）；花冠筒多少弓曲，外面紫红色，被长柔毛（b、c）；蒴果卵形至长卵形（d）；花果期4—7月。

地黄的地下根茎肉质，鲜时黄色，其名由此而来。其根茎是著名的中药材，是六味地黄丸的重要组成部分。地黄的花管具蜜，有甜味，许多人都有采食其花蜜的经历。园区内地黄数量多，花色丰富，还有少量开黄花的地黄（e）。

科 列当科
Orobanchaceae
属 地黄属
Rehmannia
分布区域
全园均有分布，一般生于山坡、草地、路边或岩石缝隙。最佳观赏期为4—6月。

花红色或多色

罗布麻
Apocynum venetum

直立半灌木，除花序外均无毛（a）；叶对生（d），窄椭圆形至窄卵圆形，边缘有细牙齿；圆锥状聚伞花序顶生，一至多歧，花冠钟状，紫红色至粉红色，具颗粒状突起（b、e）；蓇葖果（c）细长，下垂；花期4—9月，果期7—12月。

罗布麻因其在新疆尉犁县罗布平原生长极盛而得名。该种茎皮纤维性能优良，是一种重要的纤维植物。全草可入药，具有清热利尿的功效。

科 夹竹桃科
Apocynaceae
属 罗布麻属
Apocynum
分布区域
遗址区谐奇趣，一般生于盐碱荒地。最佳观赏期为6月。

花红色或多色

独行菜
Lepidium apetalum

科 十字花科
Brassicaceae
属 独行菜属
Lepidium
⦿ 分布区域
全园均有分布，一般生于路边、山坡、草地。最佳观赏期为6月。

　　一年或二年生草本（a）；茎直立，有分枝，无毛或具微小头状毛（c）；基生叶窄匙形，一回羽状浅裂或深裂，茎上部叶线形，有疏齿或全缘（b、d）；花序总状（a）；短角果卵状椭圆形（e）；花果期4—7月。

　　独行菜在园区内随处可见，但因其植株矮小，花小且花瓣退化，往往不引人注意。该种果实为卵状椭圆形的短角果，密生于花茎上，能保持很长的时间，可做插花；嫩茎叶可作野菜。独行菜还具有较高的药用价值，种子常作葶苈子用。

花绿色

拉拉藤
Galium spurium

矮小一年生草本；茎柔软，4棱，具倒钩毛（a）；叶近无梗，6~8片轮生，条状倒披针形或长圆状倒披针形，仅1脉（b）；聚伞花序，花小，4数，黄绿色或白色（c）；小坚果密被钩状毛（d）；花期3—7月，果期4—11月。

据说猪食用此植物后会引起肠胃不适，故名"猪殃殃"。因茎叶上布满倒刺，又名"锯子草"。其幼嫩茎叶可食，全草可入药，具有清热解毒、利水消肿的功效。

科 茜草科
Rubiaceae
属 拉拉藤属
Galium
分布区域
正觉寺西山坡，一般生于山坡、路边或草地，园区内分布较少。最佳观赏期为5月。

花绿色

龙须菜
Asparagus schoberioides

直立草本（a）；根稍肉质；茎上部与分枝具纵棱，有时有极狭的翅；叶状枝通常每3~4枚成簇，条形，镰刀状，基部近锐三棱形，上部扁平（a），叶鳞片状，基部无刺；花2~4朵，腋生，单性，雄雌异株，黄绿色（b、c）；浆果球形（d），成熟时红色，通常具1~2粒种子；花期5—6月，果期8—9月。

龙须菜茎秆纤细，株形优美，花小巧精致，果色泽艳丽，具有较高的观赏价值。龙须菜的幼嫩植株可作野菜食用。根可入药。

科 天门冬科
Asparagaceae
属 天门冬属
Asparagus
分布区域
别有洞天，一般生于山坡或路边，园区内分布极少，仅发现两三株。最佳观赏期为5月。

a

b

c

d

花绿色

皱果苋

Amaranthus viridis

　　一年生草本（a）；全株无毛；茎直立，稍分枝，绿色或带紫色；叶片正面绿色（b），背面紫色（c）；圆锥花序顶生（d）；果扁球形，绿色（e），种子近球形，黑色或黑褐色（f）；花期6—8月，果期8—10月。

　　皱果苋因其胞果极其皱缩而得名。该种原产热带美洲，属于外来入侵物种。因其生长迅速且大量消耗土壤养分，对农作物的危害尤其严重。

科 苋科
Amaranthaceae
属 苋属
Amaranthus
分布区域
全园均有分布，一般生于草地、路边或山坡。最佳观赏期为8月。

花绿色

藜

Chenopodium album

一年生草本，茎直立，有红色条纹（a）；叶菱状卵形或宽披针形，具不整齐锯齿（c），叶背被白粉（b）；花两性，于枝上部组成穗状圆锥状或圆锥状花序，花被扁球形或球形，5深裂，裂片宽卵形或椭圆形，雄蕊5，外伸（d）；胞果果皮与种子贴生，种子横生，黑色；花果期5—10月。

藜为常见的杂草，竞争性极强。民间俗称"灰菜"或"灰灰菜"，幼苗可作野菜，但食用后易诱发日光性皮炎，故要慎用。茎叶可喂家畜。全草又可入药，可治痢疾腹泻；配合野菊花煎汤外洗，治皮肤湿毒及周身发痒；果实（称"灰藋子"），有些地区代"地肤子"药用。

科 苋科
Amaranthaceae
属 藜属
Chenopodium
分布区域
全园均有分布，一般生于草地、路边或山坡。最佳观赏期为6月。

a b c d

小藜

Chenopodium ficifolium

一年生草本（a）；茎直立，具条棱及绿色色条（b）；叶片卵状矩圆形，通常三浅裂，中裂片两边近平行（b）；花两性，形成较开展的顶生圆锥状花序，花被近球形，5深裂，雄蕊5，开花时外伸，柱头2，丝形（c、d）；胞果包在花被内，种子双凸镜状，黑色，有光泽；花果期4—5月。

小藜和藜形态特征极其相似，两者主要区别如下：花期不同，前者花期为春夏，而后者花期为夏秋；叶形不同，前者叶较窄，通常三浅裂，中裂片两边近平行，后者叶较宽，叶缘有不规则锯齿。

科 苋科
Amaranthaceae
属 藜属
Chenopodium
分布区域
全园均有分布，一般生于草地、路边或山坡。最佳观赏期为5月。

花绿色

齿果酸模

Rumex dentatus

　　一年生草本（a）；茎直立，自基部分枝；茎下部叶长圆形或长椭圆形，顶端圆钝或急尖，基部圆形或近心形，边缘浅波状（b），茎生叶较小；花序总状，轮状排列，外轮花被片椭圆形，3个内轮花被片均具小瘤（c）；瘦果卵形，具3锐棱，两端尖，黄褐色（d）；花期5—6月，果期6—7月。

　　齿果酸模因内轮花被片边缘具刺状齿而得名（c）。事实上"齿果"的齿并不在果上，只是因为内轮花被片与果紧贴，看上去像是果实而已。

科 **蓼科**
Polygonaceae
属 **酸模属**
Rumex
⊙ **分布区域**
全园均有分布，一般生于水边湿地。最佳观赏期为5—6月。

花绿色

巴天酸模
Rumex patientia

多年生草本（a）；根肥厚，直径可达3厘米；茎直立，粗壮，上部分枝，具深沟槽；基生叶长圆形或长圆状披针形（a）；花两性，花梗细弱（b）；瘦果卵形，具3锐棱，顶端渐尖（c）；花期5—6月，果期6—7月。

巴天酸模因植株含草酸，尝起来有酸味，故名中带"酸"。巴天酸模与齿果酸模形态特征较为相似，两者主要区别在于：内轮花被片具齿的即为"齿果酸模"（e），不具齿的则为"巴天酸模"（d）。

科 蓼科
Polygonaceae
属 酸模属
Rumex
分布区域
全园均有分布，一般生于水边或路边。

花绿色

车前
Plantago asiatica

二年生或多年生草本；须根多数（c）；叶基生，呈莲座状，叶片薄纸质或纸质，宽卵形至宽椭圆形，边缘波状、全缘或中部以下有锯齿（a）；穗状花序细圆柱状，直立或弓曲上升，花冠白色（b、d）；蒴果纺锤状卵形、卵球形或圆锥状卵形，种子黑褐色至黑色，背腹面微隆起（e）；花期4—8月，果期6—9月。

《诗经》记载："采采芣苢，薄言采之。采采芣苢，薄言有之。"芣苢指的即车前。因分布范围极广，车辙所经之处都有车前草的身影，故而得名。车前的嫩叶可作野菜食用，其种子入药，称"车前子"。

科 车前科
Plantaginaceae
属 车前属
Plantago
分布区域
全园均有分布，一般生于路边、草地等。最佳观赏期为6月。

花绿色

平车前

Plantago depressa

一年生或二年生草本（a）；直根长（c）；叶基生，呈莲座状，椭圆形、椭圆状披针形或卵状披针形，先端急尖或微钝，基部楔形，下延至叶柄（d）；穗状花序细圆柱状，上部密集，基部常间断，花冠白色（b、e）；蒴果卵状椭圆形或圆锥状卵形，盖裂，种子4~5粒，椭圆形，腹面平坦（f）；花期5—7月，果期7—9月。

平车前具有宽大、整齐、贴地而生的基生叶，弧形脉明显，覆盖地表效果好，是北京地区较为常见的一种地被植物。

科 车前科
Plantaginaceae
属 车前属
Plantago
分布区域
全园均有分布，一般生于草地、路边、山坡或水边。园区内出现最多的是平车前。

大车前

Plantago major

科 **车前科**
Plantaginaceae
属 **车前属**
Plantago
📍 **分布区域**
全园均有分布，一般生于水边或湿润处。最佳观赏期为7月。

多年生草本（a）；具须根（e）；叶基生呈莲座状，叶宽卵形至宽椭圆形，具（3~）5或7脉，叶柄长（a、b、d）；穗状花序细圆柱状，花冠白色（c）；蒴果近球形、卵球形或宽椭圆球形（f），种子卵形、椭圆形或菱形；花期6—8月，果期7—9月。

北京常见的车前属植物有平车前、车前和大车前三种，其中平车前分布最普遍。三者的主要区别在于：平车前为直根系，叶柄短，其余二者为须根系，叶柄长；车前叶较小，花序粗短；大车前叶大，花序细长。

虎掌
Pinellia pedatisecta

多年生草本（a）；块茎近圆球形，肉质，块茎旁常生若干小球茎；叶1~3或更多，叶片鸟足状分裂，披针形，渐尖，基部渐狭，楔形（b）；佛焰苞淡绿色，管部长圆形，向下渐收缩，檐部长披针形，锐尖（c），肉穗花序：雌花序在下，雄花序在上（d），附属器黄绿色，细线形，直立或略呈"S"形弯曲（c）；浆果卵圆形，绿色至黄白色，藏于宿存的佛焰苞管部（e）；花期6—7月，果期9—11月。

科 天南星科
Araceae
属 半夏属
Pinellia
📍 分布区域
后湖西北河道西岸，园区内分布极少，一般生于林下、水边。最佳观赏期为6月。

虎掌又名掌叶半夏，虎掌与半夏的主要区别在于叶形，前者叶呈鸟足状分裂，后者叶多数为3小叶。该种也是传统中药材。

花绿色

半夏
Pinellia ternata

多年生草本（a）；块茎圆球形，具须根；叶2~5枚（b），基部具鞘，有珠芽（c）；肉穗花序，佛焰苞绿色或绿白色（d）；浆果卵圆形，黄绿色（e）；花期5—7月，果8月成熟。

《礼记·月令》记载："仲夏之月，……，鹿角解，蝉始鸣。半夏生"，半夏之名由其发生季节而来。半夏块茎是传统中药材，但生半夏毒性剧烈，需经炮制加工后方可使用。

科 天南星科
Araceae
属 半夏属
Pinellia
分布区域
滴远东山坡、杏花春馆城关、凤麟洲西北等地，一般生于山坡、岩石缝隙或路边。最佳观赏期为6月。

花绿色

黄花蒿
Artemisia annua

一年生草本（a）；茎单生；叶卵形，三次羽状深裂，两面具脱落性白色腺点及细小凹点（b、c）；头状花序球形，多数，有短梗，基部有线形小苞叶，在分枝上排成总状或复总状花序，在茎上组成开展的尖塔形圆锥花序（d、e）；瘦果椭圆状卵圆形，稍扁；花果期8—11月。

黄花蒿在北京地区极其常见，园区内数量较多。植株有浓烈的挥发性香气，内含青蒿素。屠呦呦因从中分离出青蒿素并应用于疟疾治疗而获得2015年诺贝尔医学奖。

科 **菊科**
Asteraceae
属 **蒿属**
Artemisia
📍 **分布区域**
全园均有分布，一般生于草地、路边或山坡。

花绿色

萹蓄
Polygonum aviculare

一年生草本；茎平卧、上升或直立，自基部多分枝，具纵棱（a）；叶椭圆形，狭椭圆形或披针形（b）；花单生或数朵簇生于叶腋，遍布于植株（c、d、e）；瘦果卵形，具3棱，黑褐色，密被由小点组成的细条纹，与宿存花被近等长或稍超过；花期5—7月，果期6—8月。

萹蓄的花有别于蓼属的穗状花序，是该属中比较原始的类群。该种全草供药用，有通经利尿、清热解毒的功效。

科 蓼科
Polygonaceae
属 蓼属
Polygonum
分布区域
全园广泛分布，主要集中在福海北岸、曲院风荷等地，喜生于湿润处。最佳观赏期为5月。

花绿色

地构叶

Speranskia tuberculata

多年生草本；茎直立，分枝较多，被伏贴短柔毛（a）；叶纸质，披针形或卵状披针形，边缘具疏离圆齿或有时深裂（d）；总状花序（b），上部有雄花20~30朵（c），下部有雌花6~10朵（b）；蒴果扁球形（e），被柔毛和具瘤状突起，种子卵形，顶端急尖，灰褐色；花果期5—9月。

地构叶株形小巧精致，与邻水驳岸石、护坡石搭配，具有较好的景观效果。

🔬 **大戟科**
Euphorbiaceae
属 **地构叶属**
Speranskia
📍 **分布区域**
正觉寺西湖心岛，园区内分布较少，一般生于山坡、路边、草地，喜欢生长在石缝中。最佳观赏期为9月。

花绿色

铁苋菜

Acalypha australis

一年生草本（a）；叶膜质，长卵形、近菱状卵形或阔披针形，顶端短渐尖，基部楔形，稀圆钝，边缘具圆锯（c）；雌（b）、雄（d）花同序，花序腋生，稀顶生；蒴果果皮具疏生毛和毛基变厚的小瘤体（e），种子近卵状，种皮平滑；花果期4—12月。

因铁苋菜雌花苞片果期变大，像蚌壳一样裹住球形的蒴果，故又名"海蚌含珠"。全草可以入药，具有清热解毒、止血止泻的功效。

🏷大戟科

Euphorbiaceae

🏷铁苋菜属

Acalypha

📍**分布区域**

正觉寺西北、福海南河道等地，一般生于路边、草地或岩石边。最佳观赏期为8月。

花绿色

齿裂大戟
Euphorbia dentata

一年生草本（a）；根纤细，下部多分枝；茎单一，上部多分枝（a）；叶对生，线形至卵形（b）；花序数枚，聚伞状生于分枝顶部（c）；蒴果扁球状（d），种子卵球状，黑色或褐黑色；花果期7—10月。

齿裂大戟因叶缘全缘、浅裂至波状齿裂而得名，因叶片上散生紫色斑点又名"紫斑大戟"。

🔬**科 大戟科**
Euphorbiaceae
🔬**属 大戟属**
Euphorbia
📍**分布区域**
正觉寺西山坡，一般生于路边、草地或岩石缝隙。最佳观赏期为9月。

乳浆大戟
Euphorbia esula

多年生草本（a）；叶线形至卵形，变化极不稳定（c），不育枝叶常为松针状；花序单生于二歧分枝顶端（b、d），基部无柄，雄花多枚，雌花一枚（e）；蒴果三棱状球形，具3个纵沟（f），种子卵球状，成熟时黄褐色；花果期4—10月。

乳浆大戟因花序形似猫眼，又名"猫眼草"。其花序结构别致，具2枚肾形的苞叶，极具观赏价值。该种种子含油量达30%，工业用。全草可入药，具拔毒止痒的功效。

科 **大戟科**
Euphorbiaceae
属 **大戟属**
Euphorbia
🔾 **分布区域**
后湖南岸、映水兰香、松风萝月西等地，园区内已形成几个较大的群落。最佳观赏期为4月。

花绿色

泽漆

Euphorbia helioscopia

一年生草本；茎直立，单一或自基部多分枝；叶互生，倒卵形或匙形，先端具牙齿，中部以下渐狭或呈楔形（a）；总苞叶5枚，倒卵状长圆形（b），总伞幅5枚，苞叶2枚，花序单生，腺体4，盘状，雄花数枚，雌花1枚，子房柄略伸出总苞边缘（c）；蒴果三棱状阔圆形（d），种子卵状；花果期4—10月。

因泽漆总苞叶5枚，总伞幅5枚，又名"五朵云"；全草可入药，有清热、祛痰、利尿消肿及杀虫之功效；种子含油量达30%，可供工业用。

科 大戟科
Euphorbiaceae
属 大戟属
Euphorbia
分布区域
正觉寺以西湖心岛上，园区内分布数量较少，一般生于山坡、路旁或草地，多长于护坡石下。最佳观赏期为4月。

花绿色

地锦草
Euphorbia humifusa

一年生草本（a）；根纤细，常不分枝；茎匍匐，自基部以上多分枝，基部常红色或淡红色，被柔毛或疏柔毛（a）；叶对生，矩圆形或椭圆形（b）；花序单生于叶腋（c）；蒴果三棱状卵球形，成熟时分裂为3个分果爿，花柱宿存（d），种子三棱状卵球形，灰色；花果期5—10月。

地锦草是一种广布杂草，园区内数量较多。植株矮小，紧贴地面而生，叶、花、果均小巧而特别，尤其是10月茎叶变成鲜红色（e），甚是美观。地锦草全草可入药，具有利尿排毒、祛风除湿的功效。

科 **大戟科**
Euphorbiaceae
属 **大戟属**
Euphorbia
◎ **分布区域**
坦坦荡荡北山坡、鉴园等地，一般生于路边、水边或草地。最佳观赏期为9—10月。

花绿色

斑地锦草

Euphorbia maculata

　　一年生草本（a）；茎匍匐，被白色疏柔毛（b）；茎折断处有白色乳汁（e）；叶对生，长椭圆形至肾状长圆形，先端钝，基部偏斜，边缘中部以下全缘，中部以上常具细小疏锯齿（c、d）；花序单生于叶腋（b）；蒴果三角状卵形（d），种子卵状四棱形，灰色或灰棕色；花果期4—9月。

　　斑地锦草与地锦草形态特征极其相似，两者主要区别在于：斑地锦草叶片中部常有一长圆形紫斑，地锦草叶片中部则无斑；斑地锦草茎上被白色柔毛，而地锦草茎上无毛或被稀疏的毛。

科 **大戟科**
Euphorbiaceae
属 **大戟属**
Euphorbia
⊙ **分布区域**
正觉寺西、春泽斋等地，一般生于路边或草地。最佳观赏期为9—10月。

花绿色

草瑞香

Diarthron linifolium

一年生草本（a）；茎多分枝，扫帚状，圆柱形，淡绿色，下部呈淡紫色；叶互生，稀近对生，散生于小枝上，线形至线状披针形或狭披针形（b）；总状花序顶生（c），花绿色，花冠裂片红色（d）；果实卵形或圆锥状，黑色，果皮膜质，无毛；花期5—7月，果期6—8月。

草瑞香株形美观，花叶小巧精致，具有较高的观赏价值。该种因植株矮小，需仔细观察方能发现。

科 瑞香科
Thymelaeaceae
属 草瑞香属
Diarthron
分布区域
映水兰香互妙楼以西，园区内分布较少，一般生于向阳的草地。最佳观赏期为7月。

花绿色

黑藻
Hydrilla verticillata

多年生沉水草本（a）；茎圆柱形，表面具有纵向细棱纹，质较脆，休眠芽长卵圆形（b）；苞叶多数，螺旋状紧密排列，白色或淡黄绿色，狭披针形至披针形（c、d）；花单性，雌雄同株或异株，白色；果实圆柱形，表面常有2~9个刺状凸起，种子2~6粒，褐色，两端尖；花果期5—10月。

黑藻是北京地区常见的沉水植物，净化水质能力强，具有较高的景观价值和生态价值。全草可做饲料和饵料。

科 水鳖科
Hydrocharitaceae
属 黑藻属
Hydrilla
分布区域
海岳开襟、方河、得胜概、狮子林等地，生于水中，园区内多数水域均有分布。

花绿色

苦草
Vallisneria natans

沉水草本（a）；匍匐茎白色，光滑或稍粗糙，先端芽浅黄色；叶基生，线形或带形，绿色或略带紫红色，常具棕色条纹和斑点，先端圆钝，边缘全缘或具不明显的细锯齿（b）；雌雄异株，雄佛焰苞卵状圆锥形，每佛焰苞内含雄花200余朵或更多，成熟的雄花浮在水面开放，雌花单生于佛焰苞内（c、d）；果实圆柱形，种子倒长卵形。

苦草是北京地区常见的沉水植物，水下景观效果好，对水质具有较强的净化能力，是生态修复和重建的重要材料。

科 水鳖科
Hydrocharitaceae

属 苦草属
Vallisneria

分布区域
凤麟洲、松风萝月、方河、玉玲珑馆、前湖、后湖、万方安和、曲院风荷、福海南河道、月地云居等地，生于水中，园区内各湖区均有分布。

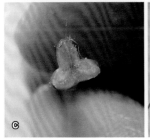

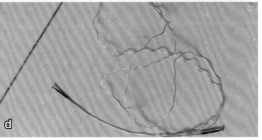

花绿色

穗状狐尾藻
Myriophyllum spicatum

多年生沉水草本（a）；根状茎发达，在水底泥中蔓延，节部生根；茎圆柱形，分枝极多（c）；叶常5片轮生（b）；花两性，单性或杂性，雌雄同株，单生于苞片状叶腋内，常4朵轮生（d、e）；分果广卵形或卵状椭圆形，具4纵深沟，沟缘表面光滑；花期从春到秋陆续开放，4—9月陆续结果。

穗状狐尾藻是北京地区常见的沉水植物，净化水质能力强，具有较高的景观价值和生态价值；夏季生长旺盛，可作为鱼和鸭的饲料；全草可入药，具有清凉、解毒、止痢的功效。

🔬 科 小二仙草科 **Haloragaceae**
🔬 属 狐尾藻属 *Myriophyllum*
📍 分布区域

得胜概、狮子林、小有天园、松风萝月、福海、月地云居、武陵春色等地，生于水中，园区内各湖区均有分布。最佳观赏期为4—9月。

花绿色

篦齿眼子菜
Stuckenia pectinata

多年生沉水草本（a）；茎纤细（b）；叶线形（c），先端渐尖或急尖，基部与托叶贴生成鞘（d）；穗状花序顶生，花序梗细长；果实倒卵形，顶端斜生长约0.3毫米的喙，背部钝圆；花果期6—10月。

篦齿眼子菜是北京地区常见的沉水植物，该种对水体具有较强的净化能力，可显著降低水体氮、磷含量。

科 眼子菜科
Potamogetonaceae
属 篦齿眼子菜属
Stuckenia
分布区域
如园、方河、玉玲珑馆、茜园、小有天园、凤麟洲、松风萝月、鉴碧亭等地，生于水中，园区内多个湖区均有分布。

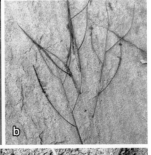

花绿色

大茨藻
Najas marina

　　一年生沉水草本（a）；植株多汁，较粗壮，呈黄绿色至墨绿色，有时节部褐红色，质脆，极易从节部折断，分枝多，呈二叉状（b、c），有皮刺（d）；花黄绿色；瘦果黄褐色，椭圆形或倒卵状椭圆形，不偏斜，柱头宿存，种皮质硬，易碎；花果期9—11月。

　　大茨藻叶色青翠，革质似玻璃状，近观光泽鲜亮、构造精巧，具有较好的观赏性。该种净化水质的效果也很好，但其多分枝的结构会抑制其他沉水植物的生长，同时植株有皮刺，也会抑制鱼、螺等水生动物的生长。

科 水鳖科
Hydrocharitaceae
属 茨藻属
Najas
分布区域
鉴碧亭、松风萝月、凤麟洲、玉玲珑馆、方河、武陵春色等地，生于水中，园区内多数水域均有分布。

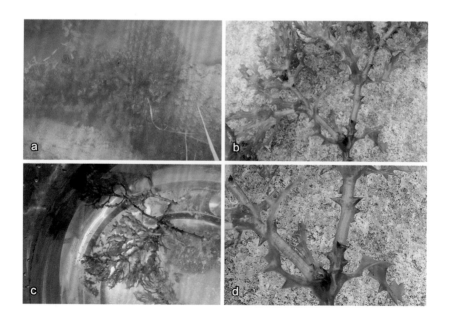

花绿色

早园竹

Phyllostachys propinqua

幼秆绿色，被以渐变厚的白粉，光滑无毛（a、b）；秆环微隆起与箨环同高，箨鞘背面淡红褐色或黄褐色，另有颜色深浅不同的纵条纹，无毛，亦无白粉，上部两侧常先变干枯而呈草黄色，被紫褐色小斑点和斑块，尤以上部较密；末级小枝具2或3叶，常无叶耳及鞘口繸毛，叶舌强烈隆起，先端拱形，被微纤毛，叶片（b）披针形或带状披针形；笋期4月上旬开始，出笋持续时间较长。

天然图画，是圆明园四十景之一，位于后湖东岸。天然图画旧称"竹子院"，雍正为皇子时非常喜欢居住此处，写道"深院溪流转，回廊竹径通。"乾隆年间更名为"天然图画"，临湖建有朗吟阁和竹蔮楼，登楼可远望西山连绵起伏，中观玉峰塔影，近赏后湖沿岸风光，宛如天然图画一般。历史上的天然图画，园林植物配置以竹子为主景，竹秆颜色青绿，竹叶四季常青，既具有气节又虚怀若谷，既正直不屈又节节进取，将历代君子圣人追求的美德集于一身。

科	禾本科 Poaceae
属	刚竹属 *Phyllostachys*
分布区域	展诗应律、春泽斋、天然图画等地。

禾草状

芦苇
Phragmites australis

多年生草本（d）；根状茎发达；秆直立，基部和上部的节间较短，节下被蜡粉；叶舌边缘密生一圈短纤毛，两侧缘毛易脱落（c），叶片披针状线形，无毛，顶端长渐尖成丝形（b）；大型圆锥花序具多数分枝，着生稠密下垂的小穗，小穗无毛（a）；颖果；花期夏末，果期初秋。

《诗经》中"蒹葭苍苍，白露为霜"中的蒹葭即指芦苇。芦苇根状茎发达，常繁衍成大片的芦苇群落。园区内水域面积较大，芦苇数量较多，具有较高的观赏价值。芦苇还能为鸟类提供栖息、觅食及繁衍场所，具有较高的生态价值。

科 **禾本科**
Poaceae
属 **芦苇属**
Phragmites
📍 **分布区域**
全园均有分布，一般生于水边。最佳观赏期为9—10月。

a

b

c

d

禾草状

水烛
Typha angustifolia

多年生水生或沼生草本（a）；叶片上部扁平，中部以下腹面微凹，背面向下逐渐隆起呈凸形，叶鞘抱茎（b）；雌雄同株，雌花序在下（d），雄花序在上（c）；小坚果长椭圆形，具褐色斑点，纵裂，种子深褐色；花果期6—9月。

水烛因其开花后远观似蜡烛且生活在水中而得名。该种为优良的非木材纤维品种，茎叶可用于造纸、编织。雌花被称为蒲棒，成熟晒干后，碾碎成为蒲绒，可以装枕头和坐垫，有特殊的香味，可驱蚊。香蒲花粉入药即为"蒲黄"。

科 香蒲科
Typhaceae
属 香蒲属
Typha
分布区域
玉玲珑馆西岸等地，一般生于水边。最佳观赏期为6月。

禾草状

黑三棱

Sparganium stoloniferum

多年生沼生草本，茎直立（b）；叶条形，基生叶和茎下部的叶基部稍变宽成鞘状抱茎，中脉明显（a）；花序顶生，花单性，雌、雄花均密集为球形，雄花序在上（c），雌花序在下（d），生于同一个分枝上；聚合果球形（e）；花果期5—6月。

黑三棱因叶片下部呈三棱形而得名。该种在园区内数量较少，属北京市二级重点保护野生植物。黑三棱的块茎去皮干燥后即为中药"三棱"，具有消积、止痛、通经、下乳等功效。黑三棱株形美观、叶色翠绿、花序精致可爱，是观赏价值较高的沼生植物。

科 香蒲科
Typhaceae
属 黑三棱属
Sparganium
分布区域
春泽斋南、德胜概西等地，一般生于沼泽、湖边的浅水处。最佳观赏期为5—6月。

禾草状

扁茎灯芯草

Juncus gracillimus

多年生草本；茎丛生，圆柱形或稍扁（a）；叶基生和茎生，基生叶2~3枚，茎生叶1~2枚，叶片线形，扁平（a）；顶生复聚伞花序（b），花单生，彼此分离，花被片披针形或长圆状披针形，雄蕊6枚，花柱很短，柱头3分叉（c）；蒴果卵球形，超出花被（d）；花期5—7月，果期6—8月。

灯芯草属植物茎叶通常较细，古代用其蘸油点灯，故名"灯芯"。植株纤细挺拔，花小巧精致，与驳岸石搭配可形成较好的景观效果。

科 灯芯草科
Juncaceae
属 灯芯草属
Juncus
⊙ 分布区域
园区内分布较多，主要集中在蘋香榭北、鉴园西等地，一般生于水边。最佳观赏期为5月。

禾草状

水葱

Schoenoplectus tabernaemontani

秆圆柱状，高1~2米，平滑，基部叶鞘3~4，膜质，最上部叶鞘具叶片（a）；叶片线形（a）；长侧枝聚伞花序具4~13或更多个辐射枝（b、c）；苞片1，为秆的延长（d）；小坚果倒卵形或椭圆形，双凸状，稀棱形；花果期6—9月。

莎草科植物大多具有三棱形的秆，而水葱的秆却为圆柱形，极为特殊。该种因外形似葱且喜生于浅水中而得名。水葱是园区内较为常见的水岸植物，茎较脆弱，易折断倒伏。除水葱外，园区内还分布有三棱水葱。两者区别在于：水葱茎呈圆柱形，三棱水葱茎呈三棱形。

科 **莎草科**

Cyperaceae

属 **水葱属**

Schoenoplectus

⊙ **分布区域**

福海南岸、福海西岸等地，一般生于水边。最佳观赏期为5月。

禾草状

青绿薹草

Carex breviculmis

多年生草本（a）；根状茎短；秆丛生，三棱状（b）；叶较秆短（b）；穗状花序2~5，密生花，顶生者雄性，侧生者雌性，雌花鳞片长圆形至倒卵状长圆形，苍白色，顶端圆形延伸成粗糙长芒（c）；果囊倒卵球形，上部密被短柔毛，瘦果卵球形，三棱形，顶端成环盘（d）；花果期3—6月。

青绿薹草植株低矮，叶片纤细，叶色翠绿，具有较好的观赏性，在园林绿化中应用广泛，多用于阳坡绿化。

科 莎草科

Cyperaceae

属 薹草属

Carex

分布区域

会心桥西、天心水面东等地，一般生于山坡或草地。园区内种植较少，多植于阳坡。

禾草状

涝峪薹草
Carex giraldiana

多年生草本（a）；根状茎匍匐，木质；秆扁三棱状，光滑；叶短于或等长于秆；小穗（b）3~5，顶生1个为雄性（c），侧生小穗雌性，具3~5花，雌花鳞片长圆形，顶端截形延伸成粗糙短芒（d）；果囊倒卵球形，钝三棱形，疏被短柔毛，瘦果倒卵球形，三棱形，顶端具环盘（e）；花果期3—5月。

涝峪薹草在园区内应用较为广泛，一般用于疏林山坡、路边林下等半阴生境的绿化。该种具有绿期长、地面覆盖效果好等特点，是一种较好的草坪地被植物。

（科）**莎草科**
Cyperaceae
（属）**薹草属**
Carex
（分布区域）
全园均有分布，一般生于山坡或草地。观赏期长达10个月。

禾草状

异穗薹草

Carex heterostachya

多年生草本（a）；根状茎具长地下匍匐茎；秆下部光滑，上部粗糙；叶短于秆（b）；小穗3~4个，集在秆顶，上端1~2个雄小穗，其余为雌小穗，雌花鳞片圆卵形或卵形，先端急尖，具短尖（c、d）；果囊宽卵球形或圆卵球形，钝三棱形，瘦果宽倒卵球形或宽椭圆球形，三棱形（e）；花果期4—6月。

异穗薹草叶片纤细，植株柔软，形成的草坪均匀整齐，具有较好的观赏性。植株抗性强、适应性广、易于繁殖，是比较优良的乡土草坪地被植物。

科 **莎草科**
Cyperaceae
属 **薹草属**
Carex
◎ **分布区域**
全园均有分布，一般生于山坡或草地。最佳观赏期为6月。

禾草状

臭草
Melica scabrosa

多年生草本；秆丛生，基部密生分蘖（a）；叶鞘光滑或微粗糙，叶舌透明膜质，叶片质较薄，两面粗糙或上面疏被柔毛（b）；圆锥花序狭窄（c、d），小穗柄短，小穗淡绿色或乳白色，颖膜质，狭披针形，外稃草质，内稃短于外稃或相等，雄蕊3；颖果褐色，纺锤形；花果期5—8月。

科 禾本科
Poaceae
属 臭草属
Melica
分布区域
全园均有分布，一般生于山坡、草地或路边。

臭草因其花期时会散发一种特殊的味道而得名，在园区内常被当作杂草处理。臭草花序不容易凋落，可做天然干花。全草可入药，主治尿路感染、肾炎水肿等。

禾草状

大油芒

Spodiopogon sibiricus

多年生草本；秆直立，通常单一（a、d）；叶片线状披针形，顶端长渐尖，基部渐狭，中脉粗壮隆起，白色，两面贴生柔毛（b）；花序总状（e）；颖果长圆状披针形，棕栗色（c）；花果期7—10月。

大油芒株形优雅、挺拔，总状花序轻盈、飘逸，叶脉银白色，具有较高的观赏价值。

科 禾本科

Poaceae

属 大油芒属

Spodiopogon

◉ **分布区域**

后湖西山坡、杏花春馆城关等地，一般生于山坡、林下、灌丛、水边或岩石边，目前已经形成几个小群落。最佳观赏期为10月。

禾草状

长芒草
Stipa bungeana

多年生草本（a）；秆密丛生，叶片纵卷呈针状（b）；圆锥花序基部常为叶鞘所包，上部疏生小穗，顶端延伸成细芒（c），外稃背部有成纵行的短毛，顶端关节处生有一圈短毛，其下还有微刺毛，芒针呈细发状（c、d）；花果期4—7月。

长芒草因其小穗顶端的芒较为细长，状如发丝而得名。该种多与护坡石搭配，两者相得益彰，景观效果较好。

科 **禾本科**
Poaceae
属 **针茅属**
Stipa
分布区域
廓然大公叠石北、蘋香榭北等地，一般生于石头边或山坡。最佳观赏期为4月。

禾草状

马唐

Digitaria sanguinalis

一年生，秆直立或下部倾斜，无毛或节生柔毛（a）；叶鞘短于节间（c），叶片线状披针形，基部圆形，边缘较厚（b）；总状花序（d），小穗椭圆状披针形，第一颖小，短三角形，无脉，第二颖具3脉，披针形，长为小穗的1/2左右，脉间及边缘大多具柔毛；花果期6—9月。

马唐是北京地区较为常见的野草，在园区内数量较多。该种是一种营养丰富的优质牧草。其全草可入药，有清热解毒的功效，可以治疗目暗不明、肺热咳嗽。

科 **禾本科**
Poaceae
属 **马唐属**
Digitaria
⊙ **分布区域**
全园均有分布，一般生于路边、草地、水边、山坡。

禾草状

纤毛鹅观草

Elymus ciliaris

　　多年生草本；秆单生或成疏丛，直立（a）；叶片扁平，两面均无毛，边缘粗糙；穗状花序直立或多少下垂（b），小穗通常绿色，外稃长圆状披针形，边缘具长而硬的纤毛（d），第一外稃长8~9毫米，顶端延伸成粗糙反曲的芒（c）。

　　纤毛鹅观草极为常见，适应性强。植株挺拔，丛生于大面积的草坪上，观赏效果较好。

科 **禾本科**
Poaceae
属 **披碱草属**
Elymus
◎ **分布区域**
全园均有分布，一般生于水边、山坡或草地。最佳观赏期为6月。

禾草状

白茅
Imperata cylindrica

多年生草本（a）；叶鞘聚集于秆基（b），叶舌膜质，紧贴其背部或鞘口，具柔毛，分蘖叶片扁平，质地较薄，秆生叶片窄线形，顶端渐尖呈刺状，质硬，被有白粉；圆锥花序稠密，基盘具长12~16毫米的丝状柔毛（c）；颖果椭圆形（d）；花果期4—6月。

白茅初春时先花后叶，银白色、毛茸茸的花序在太阳光照耀下极为美观，具有较高的观赏价值。因其花序先长出地面，布地如针，故又称为"茅针"。其根被称为"茅根"，微甜，可食用，是饥荒年代的充饥干粮。

科 **禾本科**
Poaceae
属 **白茅属**
Imperata
◎ **分布区域**
月地云居西北、映水兰香等地，一般生于草地或路边，园区内已形成数个小群落。最佳观赏期为5月。

禾草状

荻
Miscanthus sacchariflorus

多年生草本（a）；具有长的匍匐根状茎；叶片扁平，条形，边缘锯齿状粗糙（b）；圆锥花序顶生，由多数指状排列的总状花序组成（c、d）；颖果矩圆形；花果期8—10月。

荻花果期景观效果较好。成语"然荻读书"中的荻就是该种。古时有个叫刘绮的人，家境贫寒，又酷爱读书，买不起灯烛，因而通过燃荻为灯的方式进行学习。

科 禾本科
Poaceae
属 芒属
Miscanthus
分布区域
全园均有分布，一般生于山坡、草地或水边，园区内已形成数个小群落。最佳观赏期为9月。

禾草状

求米草

Oplismenus undulatifolius

秆纤细，基部平卧地面，节处生根，上升部分高20~50厘米（a）；叶鞘短于或上部者长于节间，密被疣基毛，叶舌膜质，短小，叶片扁平，披针形至卵状披针形，先端尖，基部略圆形而稍不对称，通常具细毛（b）；圆锥花序，小穗卵圆形，被硬刺毛，簇生于主轴或部分孪生，颖草质，第一颖长约为小穗之半，第二颖较长于第一颖（c、d）；果期7—11月。

求米草因其叶子像竹子的叶子，故还有一个名字叫"缩箬"。该种具有翠绿优雅的叶子，纤细飘逸的花序，景观效果极佳。

科 **禾本科**
Poaceae
属 **求米草属**
Oplismenus
◎ **分布区域**
福海南、月地云居、别有洞天等地，园区内分布较多，一般生于山坡、林下，喜生于侧柏林下。

禾草状

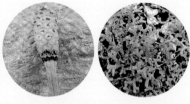

蕨类植物

中华卷柏

Selaginella sinensis

旱生，匍匐（a、b）；主茎通体羽状分枝，不呈"之"字形，无关节，茎圆柱状，不具纵沟，光滑无毛；叶全部交互排列，纸质，表面光滑，边缘不为全缘，具白边（c、d）；大孢子白色，小孢子橘红色。

植株低矮，叶色翠绿，地表覆盖效果非常好。可与大丁草、狭叶珍珠菜、多花胡枝子、石沙参、乌头叶蛇葡萄等乡土地被植物共生，在不同的月份形成不同的景观效果。

🔬 **科 卷柏科**
Selaginellaceae
属 卷柏属
Selaginella
📍 **分布区域**
仅在杏花春馆城关北山坡形成一个群落，一般生于山坡林缘、林下或灌丛下。最佳观赏期为7—9月。

节节草
Equisetum ramosissimum

中小型植物（a）；根茎直立，横走或斜升；地上枝多年生，枝一型，绿色，主枝多在下部分枝，常形成簇生状，侧枝较硬，圆柱状，披针形，革质但边缘膜质，上部棕色，宿存（c）；孢子囊穗短棒状或椭圆形（b），孢子具有弹丝。

节节草具有较好的观赏性，同时还具有一定的药用价值，但也有毒性，不能随意食用。

科 木贼科
Equisetaceae

属 木贼属
Equisetum

分布区域
廓然大公东、碧桐书院，园区内分布较少，一般生于湿地。

银粉背蕨

Aleuritopteris argentea

科 凤尾蕨科
Pteridaceae
属 粉背蕨属
Aleuritopteris
分布区域
杏花春馆城关、廓然大公等地，生于山坡、石峰以及叠石之间。

植株高15~30厘米（d）；根状茎直立或斜升；叶簇生，叶柄红棕色，叶片五角形，长宽几相等，先端渐尖，羽片3~5对，叶背银白色（a）；孢子囊群较多，膜质，黄绿色，全缘，周壁表面具颗粒状纹饰。

园区内还有一种无银粉背蕨，又名陕西粉背蕨，为银粉背蕨的近缘种。两者主要区别在于：银粉背蕨叶背面为银白色，而无银粉背蕨叶背面为绿色（b）。7—8月（北方雨季）为两者主要生长期，此后由于空气湿度降低，叶片逐渐失绿并干燥卷曲（c）。

中文名索引

拉丁名索引

后 记

　　本书所载植物的名称经过多次反复校对，力求其准确性和正确性。因书中收录的蕨类植物数量较少，故将其放到最后。书中植物鉴定主要依据《中国植物志》等工具书以及植物智、中国植物图像库、花伴侣等电子平台，书中植物的中文名和学名均采用植物智网站（http://www.iplant.cn/）上的名称。

　　特别感谢薛凯（西勾月）老师在物种鉴定方面给予的帮助和指导，并提供了大量高清照片；感谢中国科学院华南植物园谢丹博士对本书提出的宝贵意见；感谢宋会强（安妮）老师及舒志钢老师为本书提供的高清照片。同时也感谢参与本书编辑的其他同志，或提供了照片，或提出了宝贵意见及建议。

　　圆明园的保护和发展离不开来自社会各界的关爱、关注和支持。我们希望通过编辑出版此书，能唤起更多读者对圆明园更多的关心、关注、理解、支持和爱，保护好圆明园的一草一木，共建共享一个更加美好的圆明园。

　　本书面向的读者对象是圆明园的职工、游客以及植物业余爱好者，并非专业的分类学家，所以书中部分文字叙述并未严格遵从分类学的专业要求，专业严谨性上略显不足，希望读者理解和包容。

著者
2022年10月

圆明园盛时长春园东部鸟瞰复原图

线法山

狮子林

玉玲珑馆

大东门

鉴园

如园